认证与密钥协商协议的设计及其应用

章丽平　著

科 学 出 版 社

北　京

内 容 简 介

本书主要介绍认证与密钥协商协议的设计方法及协议中涉及的相关知识，针对不同应用环境，如VoIP网络、E-health环境、智能电网等，采用不同方法构建适用于不同应用环境的认证与密钥协商协议，实现不同应用环境中通信实体间的相互认证和密钥协商，还提出基于椭圆曲线的认证与密钥协商协议、基于混沌映射的认证与密钥协商协议、基于三因子的认证与密钥协商协议等一系列协议，并从多个角度对提出的认证与密钥协商协议进行深入剖析，为认证与密钥协商协议的构建提供参考。

本书适合高等院校本科生、研究生或从事认证与密钥协商协议领域研究的科研工作者阅读。

图书在版编目（CIP）数据

认证与密钥协商协议的设计及其应用/章丽平著．—北京：科学出版社，2019.11

ISBN 978-7-03-063175-6

Ⅰ．①认…　Ⅱ．①章…　Ⅲ．①计算机网络–网络安全–研究　Ⅳ．①TP393.08

中国版本图书馆CIP数据核字（2019）第246534号

责任编辑：闫　陶／责任校对：高　嵘
责任印制：张　伟／封面设计：莫彦峰

科学出版社出版
北京东黄城根北街16号
邮政编码：100717
http://www.sciencep.com
北京凌奇印刷有限责任公司印刷
科学出版社发行　各地新华书店经销
*
2019年11月第　一　版　开本：B5（720×1000）
2022年 6 月第三次印刷　印张：9 3/4
字数：195 000

定价：65.00元

（如有印装质量问题，我社负责调换）

前　　言

认证与密钥协商协议是实现信息在互联网中安全传输的一种有效手段。当通信实体通过不安全的网络进行信息传输时，易遭攻击者的各种恶意攻击，因此需要采用安全防护措施保护传输信息的安全。为了有效抵御各种恶意攻击，通信实体在通信之前需要实现相互身份认证，确认通信方的合法性。此外，还需要在相互认证的过程中协商一个只有通信双方认可的共享会话密钥，该密钥将用于加密后信息的传输，从而实现信息在互联网中安全传输。

认证与密钥协商协议的应用较为广泛，不同的应用环境对认证与密钥协商协议所需满足的安全需求也不相同，有些应用环境对安全性的需求较高，有些应用环境对能耗的要求较为严格。针对不同的应用环境，认证与密钥协商协议所采用的设计方法也不相同。例如，在数字医疗健康网络(E-health)环境中，认证与密钥协商协议的构建不仅需要充分考虑用户的隐私保护问题，还需要考虑低能耗医疗传感设备计算能力的受限问题。因此，在 E-health 中构建认证与密钥协商协议时应尽量避免采用耗时的操作，这也为认证与密钥协商协议的设计带来了挑战。尽管如此，诸多学者针对不同的应用环境，深入研究认证与密钥协商协议的设计理论和方法，也设计出一系列的高效认证与密钥协商协议。然而，如何在不安全的网络环境中，构建能满足安全需求的轻量级认证与密钥协商协议，仍然是一个有待进一步研究解决的难题。

本书针对不同应用环境的安全与性能需求，提出若干认证与密钥协商协议的设计方法和具体设计过程，并对提出的认证与密钥协商协议的安全性和性能进行分析，并将本书提出的协议与当前其他认证与密钥协商协议进行对比分析。提出的若干认证与密钥协商协议采用不同的设计方法，有的是基于椭圆曲线加密体制的，有的是基于混沌映射的，有的是基于动态验证列表的。认证与密钥协商协议的设计是一个复杂的过程，在协议构建过程中需要考虑诸多因素，需要满足一系列的安全需求，还要考虑能耗的限制。认证与密钥协商协议的构建更注重细节上的设计，精巧的设计可以使认证与密钥协商协议更加完美，在达到轻量级要求的同时满足更多的安全需求。

本书提出不同的认证与密钥协商协议设计的详细过程及设计思想，并提出不同的安全性分析与证明方法，最后给出实验过程。目的在于，对近几年从事的认证与密钥协商协议研究工作做一个总结，并供研究认证与密钥协商协议的学术同仁参考。希望本书能起到抛砖引玉的作用，让更多的学者参与到认证与密钥协商协议的研究中，推动认证与密钥协商协议研究的发展。由于认证与密钥协商协议研究领域的快速发展，加之作者水平有限，疏漏之处在所难免，望各位学术同仁不吝赐教。

章丽平

2019 年 8 月 31 日于中国地质大学(武汉)

目　录

第1章 绪　　论

1.1 认证与密钥协商协议概述

认证与密钥协商协议(authenticated key agreement scheme)是实现互联网实体间安全通信的一种有效方法。通信实体在互联网中的信息传输易遭攻击者的恶意攻击。攻击者可以通过窃听等方式获取通信实体间传输的信息，进而可以实施各种有针对性的攻击，如重放攻击、中间人攻击、假冒攻击等，从而获取相应的信息，达到一定的目的。认证与密钥协商协议可以有效保护通信实体之间的信息传输。为了在互联网中实现信息的安全传输，在通信实体进行交互之前，需要完成通信实体间的身份认证,并由通信实体协商一个仅有通信方知道的共享会话密钥。该密钥将用于加密通信实体间之后需要传输的信息，从而实现通信实体间信息的安全传输。

认证与密钥协商协议为不安全信道间消息的安全传输提供了一种有效的保护手段,受到了学术界和工业界的广泛关注。许多应用环境,如 VoIP(voice over internet protocol)网络、E-health、智能电网等，都采用了认证与密钥协商协议来实现信息在通信实体间的安全传输。以 E-health 为例，当用户需要与医疗服务器进行通信来获取相关医疗服务时，为了确保医疗数据在互联网中的传输安全，首先需要用户与医疗服务器完成相互认证，以确认用户和医疗服务器的合法性，通过身份认证后，用户与医疗服务器应协商出一个秘密的共享会话密钥，该密钥将用于加密之后需要传输的医疗数据，从而实现用户与医疗服务器之间信息的安全传输。

认证与密钥协商协议可以为通信实体间的信息传输提供保障。但认证与密钥协商协议的设计却是一项复杂的工作。认证与密钥协商协议需要满足一系列的安全需求，针对不同的应用环境还可能面临严格的能耗限制，对认证与密钥协商协议的构建提出了挑战。认证与密钥协商协议需要满足的安全需求如下。

(1) 相互认证。为了确保只有合法的通信方才能接收到信息，通信双方需要完成相互认证。

(2) 具备通信实体匿名和不可追踪性。为了保护通信实体的隐私，需要具备通信实体匿名和不可追踪性。通信实体匿名和不可追踪安全属性确保了攻击者既不能获取通信实体的真实身份又不能区分两次会话是否来自同一个通信实体，从而为通信实体的隐私提供有效的安全防护。

(3) 密钥协商。通信实体间的信息传输需要采用共享密钥进行加密来保护传输的信息。密钥协商确保了采用的共享会话密钥在每一轮会话过程中都是唯一的，且只有进行会话密钥协商的通信方知道该共享会话密钥。

(4) 提供安全特征。认证与密钥协商协议需要提供一系列的安全特征，包括完美前向安全、已知密钥安全、会话密钥安全和无时钟同步需求等。

(5) 抵抗已知攻击。认证与密钥协商协议能抵抗已知攻击，包括重放攻击、假冒攻击和中间人攻击等。

1.2 认证与密钥协商协议的应用

认证与密钥协商协议可以应用在多种场景，用于保护信息的安全传输。本书选取了几个有代表性的应用场景，如 VoIP 应用环境、E-health 应用环境和智能电网应用环境。下面对上述应用环境进行简单的介绍。

VoIP 应用环境中的通信实体主要包括用户和服务器(SIP 服务器)，为了确保语音信息在互联网中的安全传输，可采用认证与密钥协商协议实现用户与服务器之间的相互认证和密钥协商，并采用协商出的密钥加密之后需要传输的语音信息。在该应用环境中，认证与密钥协商协议的设计需要充分考虑响应时间，这意味着认证与密钥协商协议中不能采用耗时的操作，以免导致计算时间较大，延长响应时间。

E-health 应用环境中包含大量的低能耗医疗传感设备，这些传感设备佩戴在人体身上或植入人体内，获取人体的生物医学信号，并通过互联网传输到医院等健康监测中心，为患者和医务人员提供持续的健康监测和实时的信息反馈。在该应用环境中，信息生物医学信号的传输需要通过互联网，而患者极度隐私的医疗信息在互联网传输过程中有可能会泄露或遭受到诸如窃听、篡改、假冒等各种有针对性的恶意攻击。一旦医疗信息在传输过程中被攻击，将直接影响医生对病情的诊断，甚至威胁患者的生命。采用认证与密钥协商协议可实现用户与医疗服务器之间的相互认证和密钥协商，可在互联网中有效保护用户传输的医疗信息。目前，E-health 环境中涉及的低能耗医疗传感设备受到能量的严格限制。例如，植入式医疗传感设备(心脏起搏器等)，其更换需要外科手术的介入。因此，在保证安全性、提供用户隐私保护的前提下，认证与密钥协商协议的设计应尽可能地降低协议所需的计算开销，以延长低能耗医疗传感设备的使用时间。

在智能电网环境中，通信实体间的信息交互是通过互联网实现的，信息在不安全的网络上进行传输时，易遭攻击者的各种恶意攻击。例如，攻击者可以轻易地通过窃听来拦截消息，并发起各种攻击以获取相关信息。一旦敏感信息被攻击者获取，智能电网可能会面临更大的安全挑战。认证与密钥协商协议可以为智能电表与其相应的电力服务提供商之间的信息传输提供安全保障。采用认证与密钥协商协议可以实现用户与电力服务提供商之间的相互认证，在确认通信方的合法身份后，用户与电力服务提供商之间将协商出一个只有通信双方知道的共享会话密钥。该密钥可用于加密之后需要传输的信息，从而确保智能电表与电力服务提供商在互联网中的安全通信。由于智能电表端不具备输入功能，口令和生物信息等需要输入技术的支持，不能应用于该环境下的认证与密钥协商协议设计中。从而，增加了智能电网环境下认证与密钥协商协议的设计难度。

根据上述分析，VoIP 应用环境、E-health 应用环境和智能电网应用环境中，认证与密钥协商协议的设计具有不同的特征。因而，采用的技术和方法也有所不同。但认证与密钥协商协议所需满足的安全需求在上述三种应用环境中是相同的。就计算开销而言，相比 VoIP 应用环境和智能电网应用环境，E-health 应用环境对能耗的限制更加严格，应采用轻量级操作构建认证与密钥协商协议。本书将针对这三类应用环境，采用不同的方法构建认证与密钥协商协议，并对提出的协议安全性和性能进行详细的分析。

第2章　VoIP 环境下认证与密钥协商协议设计

2.1　VoIP 应用环境概述

VoIP 是一种以 IP 电话为主，并推出相应增值业务的技术[1]。VoIP 不仅可以在 IP 网络上廉价地传输语音，还能提供视频、数据传输和传真功能，以及相应的增值服务，如电视会议、虚拟电话、电子商务等。与传统电话相比，VoIP 的通话费用，尤其是国际长途通话费用，要便宜几十倍。目前，至少有 5 亿人采用 VoIP 提供商 Skype 提供的服务。Skype、Gtalk 和 iPhone 的广泛应用，以及运营商投资 VoIP 认证和安全传输技术的研究有效促进了 VoIP 网络的快速发展。随着下一代网络的迅速发展，VoIP 必将取代传统的 PSTN(public switched telephone network，公共交换电话网络)，成为信息传输的主流形式。

然而，在 VoIP 的发展过程中，运营商和设备制造商将重点放在语音质量的改善和多种通信网融合上面，并没有充分考虑其安全特性。VoIP 技术发展至今已面临诸多安全威胁：一方面，以 Internet 为基础的 VoIP 应用，继承了来自 Internet 的安全威胁，如 DoS(denial of service)攻击和窃听等；另一方面，存在专门针对 VoIP 的攻击，如 SPIT(SPam over internet telephony)攻击[2]和通话拦截等。这些安全威胁严重阻碍了 VoIP 网络的快速发展。随着 VoIP 用户的大量增加，VoIP 网络安全通信将成为一个严峻的技术挑战。这也关系到用户是否会持续选择使用 VoIP 网络。

采用认证与密钥协商协议可以为语音信息在 VoIP 网络中的传输提供安全保护。然而，大多数针对 VoIP 网络的认证与密钥协商协议存在一定的局限性：服务器需要存储验证列表，易遭有针对性地盗取验证列表攻击和服务器欺骗攻击；口令更新困难，方案难于扩展；需要通过发送用户的真实身份来实现通信实体之间的相互认证，泄露了用户的隐私等。如何实现通信实体间的相互认证和密钥协商，为 VoIP 网络通信提供安全保护已成为 VoIP 网络快速发展急需解决的首要问题之一。为了有效解决上述难题，诸多学者开展了一些有价值的工作。

会话初始协议(session initial protocol，SIP)是 VoIP 网络中应用最广泛的应用层信令控制协议[3]。该协议定义了通信实体间会话过程的建立、修改和终止[4]。与 H.232 协议相比，SIP 设计得更加灵活、轻便。然而，传统的基于 SIP 的认证机制采用的是基于超文本传输协议的摘要认证机制，易于遭受各种类型的安全威胁和攻击。Yang 等[5]首次指出传统的 SIP 认证机制不能有效抵抗离线词典攻击和服务器欺骗攻击，并基于 D-H(Diffie-Hellman)密钥交换[6]提出了一个新的认证协议。然而，提出的改进认证协议[5]被证明同样不能有效抵抗离线词典攻击，且需要执行昂贵的模乘运算[7-8]。Palmieri 等[9]采用数字签名技术和流加密技术实现了通信实体间的认证和密钥协商。但该协议存在密钥托管问题。闻英友等[10]采用双线性映射实现了 VoIP 环境中跨域的身份认证和密钥协商[11]。Liao 和 Wang[12]基于椭圆曲线密码体制，采用自认证公钥技术构造了一个安全的认证和密钥协商机制。但上述协议需要执行昂贵的模乘或双线性映射运算，导致终端设备的计算量大。

为了在增强安全性的同时有效降低计算量，Wu 等[13]基于椭圆曲线加密体制构建了一个低能耗的认证协议，并采用 CK 安全模型[14]对提出的协议进行了形式化安全证明。然而，提出的协议需要预先在 ISIM(IM services identity module)和认证中心(authentication center，AC)之间共享一个秘密。共享秘密的预先分配使得该协议难于扩展。此外，该协议还易于遭受离线词典攻击、Denning-Sacco 攻击及盗取验证列表攻击。Yoon 等[15]针对 Wu 等提出的协议存在的安全问题进行了改进。但 Pu[16]和 Gokhroo 等[17]对 Yoon 等提出的改进协议进行了安全性分析后，指出改进的协议仍然存在同样的安全问题。Tsai[18]基于 Nonce 构建了一个认证协议。该协议仅使用了哈希(Hash)函数和异或操作，实现了通信实体间的相互认证和密钥协商，从而进一步降低了通信节点的计算开销。然而，Tsai[18]提出的协议不能有效抵抗离线词典攻击、Denning-Sacco 攻击及盗取验证列表攻击，且不具备前向安全性[19-20]。Yoon 等[19]基于 Tsai 的工作，提出了一个安全性增强的改进协议。但提出的改进协议并没有解决上述安全问题[21]。Xie 也针对 Tsai 提出的协议存在的安全问题进行了改进[20]，然而，提出的改进协议仍然不能有效抵抗离线词典攻击[22]。

尽管诸多学者对基于 SIP 的认证协议进行了研究，但上述研究成果存在一些局限性：①大多需要在 SIP 服务器端存储口令或验证列表，用于验证注册用户的有效身份，该类协议容易遭受词典攻击、盗取验证列表攻击和服务器欺骗攻击；②由于口令或验证列表通常非常庞大，验证列表的维护使得该类协议难于扩展；③未考虑用户隐私保护问题，在认证过程中，用户的真实身份采用明文传输，因此，攻击者可以通过窃听等方式获取用户的真实身份，从而实施有针对性的攻击；④不提供口令更新功能，用户口令更新困难。

为了避免服务器端存储验证列表，以有效抵抗针对验证列表的攻击，Yoon 和

Yoo 通过引入生物认证技术和智能卡技术，有效解决了服务器端需要存储验证列表的难题[23]。笔者针对上述问题进行了研究，采用智能卡技术，在无须服务器端存储验证列表的情况下，实现了通信实体间的相互认证和密钥协商，并给出了高效的用户口令更新方法[24]。在研究过程中，笔者发现尽管以上协议有效地避免了服务器端存储验证列表，但存在用户隐私(身份信息、生物特征信息)保护问题。因此，如何保证生物特征信息的安全已成为上述协议需要解决的关键。为了解决上述问题，笔者进行了逐步深入的研究，针对 VoIP 应用环境，综合考虑认证与密钥协商协议所需满足的安全需求，采用不同的方法构造了几个适用于 VoIP 网络的认证与密钥协商协议[25]。下面将针对提出的协议进行详细阐述。

2.2　基于椭圆曲线的认证与密钥协商协议设计

在 VoIP 网络中，为了有效抵抗攻击者的恶意攻击(如中间人攻击)，需要为通信双方提供快速有效的身份认证和密钥协商。然而，在基于 SIP 的 VoIP 网络中，大多数认证与密钥协商协议需要在服务器端维护验证列表。服务器端存储验证列表的解决方案，易于遭受盗取验证列表攻击和服务器欺骗攻击，且面临用户口令更新困难和协议难于扩展等问题。本节针对 VoIP 应用环境，采用椭圆曲线密码体制构建三个基于 SIP 的认证与密钥协商协议。提出的协议中，SIP 服务器端无须存储验证列表，一方面有效抵抗了针对验证列表的各种恶意攻击，另一方面也消除了因验证列表造成的口令更新困难和难于扩展问题。

2.2.1　无验证列表的认证与密钥协商协议设计

1. 协议设计

本节对无验证列表的认证与密钥协商协议进行详细描述。如图 2-1 所示，提出的认证与密钥协商协议包括四个阶段：系统初始化阶段、用户注册阶段、认证与密钥协商阶段及用户口令更新阶段。

1) 系统初始化阶段

系统初始化阶段，用户 U 和 SIP 服务器 S 协商一系列参数。

步骤 S1：SIP 服务器 S 选取椭圆曲线 $E_p(a, b)$: $y^2=x^3+ax+b \pmod p$，其中 p 为大素数，$a, b\in F_p$，且 $4a^3+27b^2\neq 0 \pmod p$。椭圆曲线上所有整点的集合构成循环加法群 G，且 G 有素数阶 q, P 为生成元。

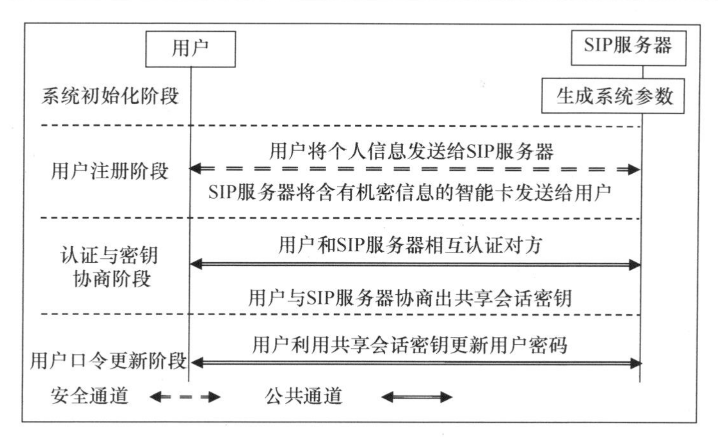

图 2-1　认证与密钥协商机制

步骤 S2：SIP 服务器 S 选择一个高熵随机数 $s\in_R Z_q^*$作为自己的私钥，进行秘密保存。并构造两个安全的单向哈希函数 $h(\cdot)$: $\{0,1\}^*\to\{0,1\}^k$ 和 $h_1(\cdot)$: $G\times G\times G\times\{0,1\}^*\to\{0,1\}^k$。

步骤 S3：SIP 服务器 S 发布公共信息$\{E_p(a, b), P, h(\cdot), h_1(\cdot)\}$。

2) 用户注册阶段

当用户 U 向 SIP 服务器 S 进行注册时，需要执行如下步骤。

步骤 R1：$U\to S$: $(h(PW\|a), username)$。

用户 U 自由选择用户口令 PW 和一个高熵随机数 $a\in_R Z_q^*$。然后，用户 U 计算 $h(PW\|a)$，并通过安全方式将消息$\{h(PW\|a), username\}$发送给 SIP 服务器 S。

步骤 R2：$S\to U$ 智能卡含有信息®。

SIP 服务器 S 接收到用户 U 发送的消息后，为用户 U 计算秘密信息 $R=\dfrac{h(PW\|a)}{h(username)+s}P$ 的值。然后，SIP 服务器 S 将机密信息 R 存储在用户 U 的智能卡内存中，并将该智能卡通过安全方式发送给用户 U。

步骤 R3：智能卡用户(R, a)。

当用户 U 接收到 SIP 服务器 S 发送的智能卡后，他将高熵随机数 a 写入智能卡内存中。此时，智能卡中存储的秘密信息为(R, a)。

3) 认证与密钥协商阶段

当用户 U 需要登录 SIP 服务器 S 时，智能卡和 SIP 服务器 S 合作完成如下步骤来实现相互认证和密钥协商，具体过程如图 2-2 所示。

步骤 A1：$U\to S$: $REQUEST(username, V, W)$。

用户 U 选取一个高熵随机数 $b\in_R Z_q^*$，并计算 $V=bR$ 和 $W=bh(PW\|a)P$。然后，

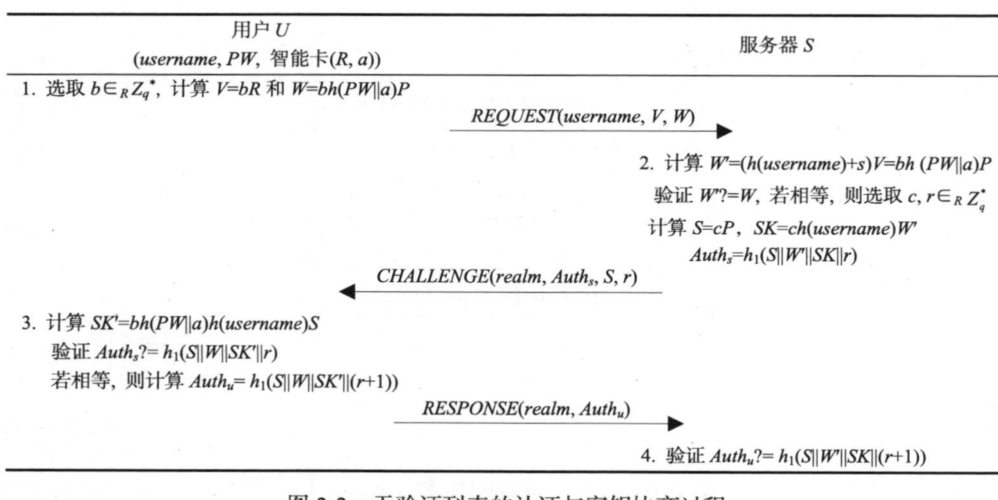

图 2-2　无验证列表的认证与密钥协商过程

用户 U 发送请求信息 $REQUEST(username, V, W)$给 SIP 服务器 S。

步骤 A2：$S \rightarrow U$: $CHALLENGE(realm, Auth_s, S, r)$。

当接收到用户 U 发送的请求信息后，SIP 服务器 S 计算 $W'=(h(username)+s)V=(h(username)+s)bR= bh(PW\|a)P$ 的值。然后验证等式 $W'=W$ 是否成立。如果等式成立，则选择两个高熵随机数 c，$r \in_R Z_q^*$，并计算 $S=cP$，$SK=ch(username)W'=cbh(PW\|a)h(username)P$ 和认证信息 $Auth_s= h_1(S\|W'\|SK\|r)$。最后，SIP 服务器 S 发送挑战信息 $CHALLENGE(realm, Auth_s, S, r)$给用户 U。

步骤 A3：$U \rightarrow S$: $RESPONSE(realm, Auth_u)$。

当用户 U 接收到 SIP 服务器发送的挑战信息后，用户 U 输入其用户口令信息 PW 和用户名 $username$ 来计算共享会话密钥 $SK'=bh(PW\|a)h(username)S=cbh(PW\|a)h(username)P$。然后，用户 U 验证等式 $Auth_s= h_1(S\|W\|SK'\|r)$是否成立。如果等式成立，用户 U 则计算用户认证信息 $Auth_u= h_1(S\|W\|SK'\|(r+1))$，并发送应答信息 $RESPONSE(realm, Auth_u)$给 SIP 服务器 S；否则，用户 U 删除接收到的信息，并终止认证与密钥协商协议。

步骤 A4：当接收到用户 U 发送的应答信息后，SIP 服务器 S 将验证等式 $Auth_u= h_1(S\|W'\|SK\|(r+1))$是否成立。如果等式成立，SIP 服务器 S 将计算得到的会话密钥 SK 作为它与用户 U 之间的共享会话密钥进行保存；否则，SIP 服务器 S 将删除接收到的信息，并终止协议。

4) 用户口令更新阶段

当用户 U 想要更新他的用户口令时，首先需要在先前的认证过程中与 SIP 服

务器 S 协商出一个共享会话密钥 SK。然后，用户 U 再按如下步骤更新口令。用户口令更新的详细过程如图 2-3 所示。

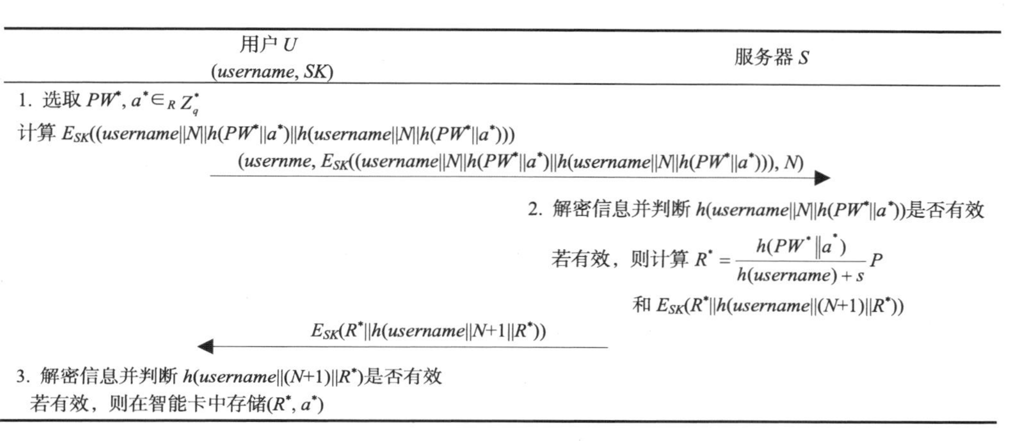

图 2-3　用户口令更新过程

步骤 P1：$U \to S$: $(usernme, E_{SK}((username \| N \| h(PW^* \| a^*) \| h(username \| N \| h(PW^* \| a^*))), N)$。

用户 U 选择新的用户口令 PW^* 和一个高熵随机数 $a^* \in_R Z_q^*$。然后，采用之前与 SIP 服务器 S 协商的共享会话密钥 SK 对新的口令信息 $(username, h(PW^* \| a^*))$ 进行加密。接下来用户 U 将用户名 $username$，加密信息 $E_{SK}((username \| N \| h(PW^* \| a^*) \| h(username \| N \| h(PW^* \| a^*)))$ 和新鲜性检验信息 N 发送给 SIP 服务器 S。

步骤 P2：SIP 服务器 S 接收到信息后，首先采用共享会话密钥 SK 解密接收到的信息，然后验证认证标识 $h(username \| N \| h(PW^* \| a^*))$ 是否有效。如果有效，则计算新的秘密信息 $R^* = \dfrac{h(PW^* \| a^*)}{h(username)+s} P$。接下来，SIP 服务器 S 将采用共享会话密钥 SK 加密机密信息生成 $E_{SK}(R^* \| h(username \| (N+1) \| R^*))$，并将该值发送给用户 U。

步骤 P3：当用户 U 接收到 SIP 服务器 S 发送的信息后，他首先采用共享会话密钥 SK 解密接收到的信息，然后验证认证标识 $h(username \| (N+1) \| R^*)$ 的有效性。如果该认证标识有效，用户 U 将用新的机密信息 (R^*, a^*) 替换之前存储在智能卡内存中的 (R^*, a^*)，并进行秘密保存。

2. 安全性分析

1) 提出的协议可以有效抵抗重放攻击

假设攻击者 Bob 截获了用户 U 发送给 SIP 服务器 S 的请求信息 $REQUEST(username, V, W)$，并将该信息再次发送给 SIP 服务器 S。然而，攻击者 Bob 在不知道 SIP 服

务器 S 私钥信息 s，用户选取的高熵随机数 b，或者正确猜测用户口令 PW 和两个高熵随机数(a，b)的情况下，将无法计算出合适的 SK 来构造有效的认证信息 $Auth_u$，当 SIP 服务器 S 对认证信息 $Auth_u$ 进行验证时，将发现该攻击。当攻击者 Bob 试图从截获的信息 V 或 W 中猜测(s, b)或(PW, a, b)时，他将面临解决椭圆曲线离散对数问题。

另外，假设攻击者 Bob 截获了 SIP 服务器 S 发送给用户 U 的挑战信息 $CHALLENGE$ ($realm, Auth_s, S, r$)，并将该信息重新发送给用户 U。该信息将无法通过用户 U 的认证过程。这是因为高熵随机数 b 是由用户 U 随机选择的，且在每次会话过程中都是不一样的。显然攻击者 Bob 无法控制 b 的生成。这样，当用户 U 验证认证信息 $Auth_s= h_1(S\|W\|SK'\|r)$是否成立时，将会发现该攻击。在此情况下，攻击者 Bob 不会收到任何应答信息。因此，提出的协议能有效抵抗重放攻击。

2) 提出的协议可以有效抵抗中间人攻击

在提出的协议中，用户 U 和 SIP 服务器 S 只有在相互认证后才会生成共享会话密钥 SK。因此攻击者 Bob 在没有通过 SIP 服务器 S 认证的情况下，无法跟 SIP 服务器 S 生成共享会话密钥，并欺骗 SIP 服务器 S，使其相信该共享密钥是与用户 U 协商生成的。如果攻击者 Bob 试图通过 SIP 服务器 S 的认证，他将面临解决椭圆曲线离散对数问题。同理，攻击者 Bob 也不能假冒 SIP 服务器 S 来与用户 U 共享一个会话密钥。因此，提出的协议能有效抵抗中间人攻击。

3) 提出的协议可以有效抵抗 Denning-Sacco 攻击

在提出的协议中，用户 U 与 SIP 服务器 S 协商生成的共享会话密钥为 $SK= ch(username)W'= cbh(PW\|a)h(username)P$。假设攻击者 Bob 获取了先前的会话密钥，他也无法从截获的信息及先前的共享会话密钥 SK 中获取用户 U 的用户口令。这是因为想要从 SK 中提取用户 U 的用户口令，将面临解决椭圆曲线离散对数问题。因此，提出的协议能有效抵抗 Denning-Sacco 攻击。

4) 提出的协议可以有效抵抗盗取验证列表攻击

假设攻击者 Bob 试图通过偷盗 SIP 服务器 S 中的验证列表来实施盗取验证列表攻击，以获取有用的信息。在提出的协议中，SIP 服务器 S 端无须存储用户口令列表或验证列表，显然攻击者 Bob 无法在提出的协议中实施盗取验证列表攻击。因此，提出的协议能有效抵抗盗取验证列表攻击。

5) 提出的协议可以有效抵抗假冒攻击

假设攻击者 Bob 通过构造 V^*和 W^*，伪造了用户发送给 SIP 服务器 S 的请求信息($username$, V^*, W^*)，并假冒用户 U 将该伪造信息发送给 SIP 服务器 S。由于攻击者 Bob 在不知道 SIP 服务器 S 私钥 s 的情况下无法构造一个有效的 R 值，SIP 服务器在验证 W'和 W^*值是否相等时，将会发现该攻击。此外，即使攻击者 Bob 是一个合法用户(不是用户 U)，他也不能用自己的私钥计算出其他合法用户的私钥。这是因为攻击者 Bob 在不知道 SIP 服务器 S 私钥 s 的情况下无法构造一个有效的 R 值。

另外，假设攻击者 Bob 生成了两个随机数 c^*，$r^* \in_R Z_p^*$，伪造 $S^*=c^*P$ 的值及认证信息 $Auth_s^*$，并假冒 SIP 服务器 S 将生成的伪造信息 $CHALLENGE(realm, Auth_s^*, S^*, r^*)$发送给用户 U。然而，由于攻击者 Bob 不知道用户 U 的用户口令信息 PW，高熵随机数 a 和 b，其构造的伪造信息将无法通过用户 U 的认证过程。

假设攻击者 Bob 猜测认证信息 $Auth_u^*$，并假冒用户 U 发送伪造的应答信息 $RESPONSE(realm, Auth_u^*)$给 SIP 服务器 S。然而，当 SIP 服务器 S 验证等式 $Auth_u^*=h_1(S\|W'\|SK\|(r+1))$是否成立时，将会发现该攻击。因此，提出的协议能有效抵抗假冒攻击。

6) 提出的协议可以有效抵抗无智能卡的离线词典攻击

假设攻击者 Bob 截获了用户 U 发送给 SIP 服务器 S 的请求信息 $REQUEST(username, V, W)$，并实施离线词典攻击。为了获取用户口令 PW，攻击者 Bob 需要从截获的信息 $V=bR$ 或 $W=bh(PW\|a)P$ 中提取 $h(PW\|a)$。然而要想通过 V 或 W 获取用户口令 PW 则会面临解决椭圆曲线离散对数问题。因此，攻击者 Bob 不能利用截获的请求信息来实施有效的离线词典攻击。此外，攻击者也不能从认证信息 $Auth_s$ 和 $Auth_u$ 中获取用户 U 的口令信息 PW。因此，提出的协议能有效抵抗无智能卡的离线词典攻击。

7) 提出的协议可以有效抵抗有智能卡的离线词典攻击

假设攻击者 Bob 获取了用户 U 存储在智能卡中的秘密信息(R, a)，并截获了用户 U 与 SIP 服务器 S 之前发送的请求信息、挑战信息及应答信息。与无智能卡的离线词典攻击相比，攻击者 Bob 知道的额外信息为(R, a)。但是攻击者 Bob 并不能通过从机密信息 R 中提取 $h(PW\|a)$来验证其猜测的用户口令是否正确。这是因为当攻击者 Bob 试图从 R 中提取信息 $h(PW\|a)$时，将面临解决椭圆曲线离散对数问题。同理，攻击者 Bob 也不能通过从认证信息 $Auth_s$ 和 $Auth_u$ 中获取信息 $h(PW\|a)$来验证猜测的用户 U 的用户口令是否正确。因此，提出的协议能有效抵抗拥有智能卡的离线词典攻击。

8) 提出的协议可以有效抵抗会话密钥安全

在提出的协议中，只有用户 U 和 SIP 服务器 S 能正确计算出会话密钥 $SK=ch(username)W'=cbh(PW\|a)h(username)P$。这是因为在不知道秘密信息$(b, a, PW)$或$(s, c)$的情况下，攻击者 Bob 不能猜测出正确的会话密钥，所以除了用户 U 和 SIP 服务器 S，其他任何人都不知道他们之间的共享会话密钥 SK。因此，提出的协议能提供会话密钥安全。

9) 提出的协议具备已知密钥安全

在提出的协议中，每次会话过程中 SIP 服务器 S 和用户 U 都分别独立地生成随机数 c 和 b。因此，每轮会话过程中生成的会话密钥 $SK=ch(username)W'=$

$cbh(PW\|a)h(username)P$ 都与其他轮会话过程中生成的会话密钥不相关。即使攻击者 Bob 知道有一个会话密钥 SK 及高熵随机数 c 和 b，他也无法计算出其他的会话密钥。这是因为在每次会话过程中，随机数都不相同，构成该会话密钥的信息 $cbh(PW\|a)h(username)P$ 也不相同。因而，在提出的协议中，每一次会话过程都会生成一个新的唯一的会话密钥。因此，提出的协议能提供已知密钥安全。

10) 提出的协议具备完美前向安全

在提出的协议中，假设攻击者 Bob 获取了 SIP 服务器 S 的私钥 s 和用户 U 的用户口令 PW，攻击者 Bob 也不能从先前的会话中获取会话密钥 SK。这是因为当攻击者 Bob 试图从 $S=cP$ 中提取 c 来计算会话密钥 $SK=cbh(PW\|a)h(username)P$ 时，将面临解决椭圆曲线离散对数问题。因此，提出的协议能提供完美前向安全。

11) 提出的协议提供相互认证功能

在提出的协议中，SIP 服务器 S 与用户 U 分别通过验证认证信息 $Auth_s$ 和 $Auth_u$ 来认证对方，从而实现了用户 U 与服务器 S 之间的相互认证。因此，提出的协议提供相互认证功能。

12) 提出的协议提供安全的选择和更新用户口令功能

在提出的协议中，在用户注册阶段，拥有智能卡的合法用户能任意选择他所喜欢的用户口令。提出的协议还提供用户口令更新功能，允许用户更新他的用户口令。此外，任何人在不知道会话密钥 SK 的情况下，即使盗取了智能卡也不能对用户 U 的口令信息进行更新修改。

3. 性能分析

本节对提出的认证与密钥协商协议和 He 等提出的协议[22]在性能方面进行对比。本节性能分析中使用到的符号定义如下。

(1) T_m：执行一次椭圆曲线点乘算法的时间。

(2) T_h：执行一次单向哈希操作的时间。

(3) T_v：执行一次模逆操作的时间。

提出的协议中，在用户注册阶段，用户端需要执行一次哈希操作计算 $h(PW\|a)$，SIP 服务器端需要执行一次椭圆曲线点乘运算和一次哈希运算计算 R。在认证与密钥协商阶段，用户端需要执行三次椭圆曲线点乘运算计算 V、W 及共享会话密钥 SK，三次哈希操作计算 $h(username)$、$Auth_s$ 和 $Auth_u$。在 SIP 服务器端需要执行三次椭圆曲线点乘运算获取 W'、S 和共享会话密钥 SK，三次哈希操作计算 $h(username)$、$Auth_s$ 和 $Auth_u$。

表 2-1 给出了提出的认证与密钥协商协议与 He 等提出的协议[22]的对比。尽管本节提出的协议总的计算开销要略多于 He 等提出的协议[22]。但在 He 等提出的协议[22]中，SIP 服务器需要存储哈希的用户口令作为验证信息，从而导致了扩展难等问题。

表 2-1　提出的认证与密钥协商协议与 He 等提出的协议的对比

对比项	He 等提出的协议[22]	本节提出的协议
SIP 服务器端无须存储验证列表	否	是
计算开销(用户端)	$3T_m+3T_h$	$3T_m+4T_h$
计算开销(服务器端)	$3T_m+3T_h$	$4T_m+4T_h$
总的计算开销	$6T_m+6T_h$	$7T_m+8T_h$

本节提出了一个无验证列表的 SIP 认证与密钥协商协议。该协议基于椭圆曲线加密机制实现了用户与 SIP 服务器之间的相互认证和密钥协商。提出的协议不仅能有效抵抗重放攻击、假冒攻击、盗取验证列攻击、Denning-Sacco 攻击、有或无智能卡的离线词典攻击、中间人攻击等已知攻击，还具备会话密钥安全、已知密钥安全和完美前向安全并提供用户口令更新功能。此外，在提出的协议中，SIP 服务器端无须存储任何验证列表，在增强安全性的同时消除了维护验证列表所需的额外开销。

2.2.2　匿名认证与密钥协商协议设计

在 VoIP 网络中，为了有效抵御攻击者的恶意攻击(如中间人攻击)，需要为通信双方提供快速有效的身份认证和密钥协商。然而，在基于 SIP 的 VoIP 网络中，大多数认证与密钥协商协议通常需要通过发送用户的真实身份来实现通信实体之间的相互认证。采用明文方式传输用户身份信息，攻击者则可以轻易获取用户的真实身份，并通过收集与该身份相关的其他信息分析用户行为，从而窃取用户隐私。此外，现有的研究成果往往需要公钥基础设施 PKI 的参与，或需要预先在通信实体间存储共享密钥，或需要执行耗时的运算等，这些额外的附加条件往往成为认证与密钥协商机制在 VoIP 网络中部署的瓶颈。本节针对用户匿名，提出了一个基于智能卡的 SIP 匿名认证与密钥协商协议，详细设计思路如下。

1. 协议详细设计

本节对提出的匿名认证与密钥协商协议的设计过程进行详细阐述。提出的 SIP 匿名认证与密钥协商协议包括五个阶段：系统初始化阶段、用户注册阶段、预计算阶段、认证与密钥协商阶段和用户口令更新阶段。表 2-2 给出了提出的认证与密钥协商协议中用到的符号及这些符号相应的说明。

表 2-2 符号及其说明表

符号	说明
U	用户
S	SIP 服务器
PW	用户 U 的口令
s	SIP 服务器 S 的私钥
$h(\cdot), h_1(\cdot)$	安全的单向哈希函数
$\|$	串接操作
$\oplus$	异或操作
$X\rightarrow Y:M$	X 发送消息 M 给 Y
c, r, r_1, r_2	高熵随机数
$E_k(\cdot)$	对称加密算法，密钥为 k
$D_k(\cdot)$	对称解密算法，密钥为 k

下面给出匿名认证与密钥协商协议的详细执行过程。

1) 系统初始化阶段

系统初始化阶段，用户 U 和 SIP 服务器 S 协商所需的参数。

步骤 S1：SIP 服务器 S 选取椭圆曲线 $E_p(a, b)$: $y^2=x^3+ax+b \pmod p$, 其中 p 为大素数，$a, b\in F_p$，且 $4a^3+27b^2\neq 0(\bmod p)$。椭圆曲线上所有整点的集合构成循环加法群 G，且 G 有素数阶 q, P 为生成元。

步骤 S2：SIP 服务器 S 选择一个高熵随机数 $s\in_R Z_q^*$作为自己的私钥，秘密保存。

步骤 S3：SIP 服务器 S 构造两个安全的单向哈希函数 $h(\cdot)$: $\{0,1\}^*\rightarrow\{0,1\}^k$, $h_1(\cdot)$: $G\times G\times\{0,1\}^*\times\{0,1\}^*\rightarrow\{0,1\}^k$。

步骤 S4：SIP 服务器 S 发布公共信息$\{E_p(a, b), P, h(\cdot), h_1(\cdot)\}$。

2) 用户注册阶段

当用户 U 向 SIP 服务器 S 提出注册请求时，用户 U 与 SIP 服务器 S 需通过安全方式，要完成下列操作。

步骤 R1：$U\rightarrow S$: $(h(PW\|c)\oplus h(username\|c))$。

用户 U 首先自由选择他的用户名 $username$、用户口令 PW 及一个高熵随机数 $c\in_R Z_q^*$，并计算 $h(PW\|c)\oplus h(username\|c)$。然后，用户 U 将计算出的信息通过安全方式发送给 SIP 服务器 S。

步骤 R2：$S\rightarrow U$ 智能卡含有信息(R, T)。

SIP 服务器 S 接收到用户 U 发送的消息后，采用自己的私钥 s 和接收到的信息 $h(PW\|c)\oplus h(username\|c)$计算两个秘密信息 $R=(h(PW\|c)\oplus h(username\|c))s^2P$ 和

$T=E_s(h(PW\|c)\oplus h(username\|c))$。接下来 SIP 服务器 S 将计算得到的秘密信息(R, T)存储在智能卡内，并将该智能卡通过安全方式发送给用户 U。

步骤 R3：智能卡用户(R, T, c)。

当用户 U 接收到智能卡后，将机密信息 c 写入智能卡的内存中。此时，智能卡内存中存储了秘密信息(R, T, c)。最后，用户 U 秘密保存用户口令 PW 和智能卡，用于之后的认证过程。

对于每一个用户，用户注册过程只执行一次。

3) 预计算阶段

在预计算过程中，智能卡生成一个高熵随机数 $r_1\in_R Z_q^*$并计算 $W=r_1R$ 和 r_1P。此时，智能卡内存中将存储一个三元组(W, r_1P, r_1)。当认证过程结束后，智能卡将删除其内存中存储的三元组信息。也就是说，在每次会话过程中三元组(W, r_1P, r_1)都是不一样的。

4) 认证与密钥协商阶段

当用户 U 登录 SIP 服务器 S 时，首先在读卡器中插入智能卡，并输入他的用户名 *username* 及口令 PW。然后，智能卡将执行预计算过程，并与 SIP 服务器 S 合作完成如下的认证与密钥协商过程。具体步骤如图 2-4 所示。

步骤 A1：$U\rightarrow S$: $REQUEST(W, V)$。

用户 U 采用他的用户口令 PW、用户名 *username* 及存储在智能卡中的机密信息(c, r_1)计算 $m=(h(PW\|c)\oplus h(username\|c))r_1P$。接下来，用户 U 将计算出的 m 值作为加密密钥对 r_1P 和 T 进行加密，从而得到 $V=E_m(r_1P\|h(PW\|c)\oplus h(username\|c)\|T)$。最后，用户 U 发送请求信息 $REQUEST(W, V)$给 SIP 服务器 S。

步骤 A2：$S\rightarrow U$: $CHALLENGE(realm, Auth_s, S, r)$。

当接收到用户 U 发送的请求信息后，SIP 服务器 S 采用它自己的私钥计算 $m'=(s^{-1})^2W$。并利用计算得到的 m'值解密 V，从而得到 r_1P、$h(PW\|c)\oplus h(username\|c)$和 T。接下来，SIP 服务器 S 用它自己的私钥解密信息 T，并将 T 中解密获取的信息 $h(PW\|c)\oplus h(username\|c)$和 V 中的信息 $h(PW\|c)\oplus h(username\|c)$进行对比。如果这两个值不相同，SIP 服务器 S 将拒绝用户 U 的请求。如果相同，SIP 服务器 S 选取两个随机数$(r_2, r)\in_R Z_q^*$，并计算 $S=r_2P$，$K=r_1r_2P$，以及共享会话密钥 $SK=h_1(K\|r_1P\|r\|h(PW\|c)\oplus h(username\|c))$和认证信息 $Auth_s=h_1(S\|r_1P\|r\|SK)$。最后，SIP 服务器 S 发送挑战信息 $CHALLENGE(realm, Auth_s, S, r)$给用户 U。

步骤 A3：$U\rightarrow S$: $RESPONSE(realm, Auth_u)$。

当接收到 SIP 服务器 S 发送的挑战信息后，用户 U 计算 $K'=r_1S=r_1r_2P$ 和共享会话密钥 $SK'=h_1(K'\|r_1P\|r\|h(PW\|c)\oplus h(username\|c))$。然后，用户 U 验证等式 $Auth_s?=h_1(S\|r_1P\|r\|SK')$是否成立。如果该等式成立，用户 U 计算认证信息 $Auth_u=h_1(S\|r_1P\|(r+$

用户 U $(PW$, 智能卡(R, T, c, W, r_1P, r_1)　　　　SIP 服务器

1. 计算 $m=(h(PW\|c)\oplus h(username\|c))r_1P$

$V=E_m(r_1P\|h(PW\|c)\oplus h(username\|c)\|T)$

$REQUEST(W, V)$ →

2. 计算 $m'=(s^{-1})^2W$, 并用 m'值解密 V

用 s 解密 T 获取 $h(PW\|c)\oplus h(username\|c)$

对比两个 $h(PW\|c)\oplus h(username\|c)$的值

若相等，则选取 $r_2\in_R Z_q^*$和 $r\in_R Z_q^*$

计算 $S=r_2P$，$K=r_1r_2P$

$SK=h_1(K\|r_1P\|r\|h(PW\|c)\oplus h(username\|c))$

$Auth_s=h_1(S\|r_1P\|r\|SK)$

← $CHALLENGE(realm, Auth_s, S, r)$

3. 计算 $K'=r_1S$, $SK'=h_1(K'\|r_1P\|r\|h(PW\|c)\oplus h(username\|c))$

验证 $Auth_s?=h_1(S\|r_1P\|r\|SK')$

若相等，则计算 $Auth_u=h_1(S\|r_1P\|(r+1)\|SK')$

$RESPONSE(realm, Auth_u)$ →

4. 验证 $Auth_u=h_1(S\|r_1P\|(r+1)\|SK)$

图 2-4　匿名认证与密钥协商过程

$1)\|SK')$，并发送应答信息 $RESPONSE$ $(realm, Auth_u)$给 SIP 服务器。如果等式不成立，用户 U 将拒绝该挑战信息，并终止认证过程。

步骤 A4：SIP 服务器 S 接收到用户 U 发送的挑战信息后，将验证 $Auth_u=h_1(S\|r_1P\|(r+1)\|SK)$是否成立。若 SIP 服务器 S 认证了该消息，则将先前计算的 SK 值作为它与用户 U 之间的共享会话密钥；否则，SIP 服务器 S 将拒绝用户 U 发送的挑战消息，并终止认证过程。

5) 用户口令更新阶段

当用户 U 需要更新他的用户口令 PW 时，首先需要通过先前的认证与密钥协商过程协商出一个他与 SIP 服务器 S 之间的共享会话密钥 SK。用户口令更新的具体过程如下。

步骤 P1：用户 U 采用他与 SIP 服务器 S 之间的共享会话密钥 SK，加密新的

用户口令信息$(h(PW^*\|c^*)\oplus h(username\|c^*))$。然后，用户 U 发送信息 $E_{SK}(h(PW^*\|c^*)\oplus h(username\|c^*)\|N\|\ h(h(PW^*\|c^*)\oplus h(username\|c^*)\|N))$和 N 给 SIP 服务器 S，其中 N 用于新鲜性检验。

步骤 P2：SIP 服务器 S 对接收到的信息进行解密，并验证认证标签 $h(h(PW^*\|c^*)\oplus h(username\|c^*)\|N)$是否有效。若有效，SIP 服务器 S 则计算新的秘密信息 $R^*=(h(PW^*\|c^*)\oplus\ h(username\|c^*))s^2P$ 和 $T^*=E_s(h(PW^*\|c^*)\oplus h(username\|c^*))$，并发送 $E_{SK}(R^*\|T^*\|h((N+1)\|R^*\|T^*))$给用户 U；否则，SIP 服务器 S 拒绝口令更新请求。

步骤 P3：用户 U 解密接收到的消息，并验证认证标签 $h((N+1)\|R^*\|T^*)$是否有效，如果有效则将信息(R^*, T^*, c^*)写入智能卡内存中，进行秘密保存。

2. 安全性分析

本节对提出的 SIP 匿名认证与密钥协商协议的安全性进行分析。SIP 匿名认证与密钥协商协议需要满足如下安全需求：抵抗重放攻击，抵抗中间人攻击，抵抗假冒攻击，抵抗 Denning-Sacco 攻击，抵抗盗取验证列表攻击，抵抗离线词典攻击(有/无智能卡)，具备会话密钥安全，具备已知密钥安全，具备完美前向安全及相互认证等。

1) 提出的协议可以有效抵抗重放攻击

假设攻击者 Bob 截获了用户 U 之前发送的请求信息 $REQUEST(W, V)$，并将该信息发送给 SIP 服务器 S。除非攻击者 Bob 能正确地猜测共享会话密钥 SK'和 r_1P，否则他将无法构造一个合法的认证信息 $Auth_u$ 来通过 SIP 服务器 S 的验证。当攻击者 Bob 试图从截获的信息 W 中猜测会话密钥 SK'和 r_1P 时，他将面临解决椭圆曲线离散对数问题。此外，在不知道 SIP 服务器 S 的私钥 s 和随机数 r_1 的情况下，攻击者 Bob 不能通过解密截获的信息 V 来获取 SK'和 r_1P，其中 r_1 是用户 U 在每次会话过程中生成的随机数。当攻击者 Bob 试图从 W 中猜测 SIP 服务器私钥信息 s 和随机数 r_1 时，他将面临解决椭圆曲线离散对数问题。因此，攻击者 Bob 不能构造一个有效的认证信息 $Auth_u$，也就不能通过 SIP 服务器 S 的认证过程。

另外，假设攻击者 Bob 截获了先前的挑战信息 $CHALLENGE(realm, Auth_s, S, r)$，并将该信息发送给用户 U。当用户 U 验证等式 $Auth_s=h_1(\mathrm{S}\|r_1P\|r\|SK)$是否成立时，将会发现该攻击。这是因为高熵随机数 r_1 在每轮新的会话过程中都不相同。因此，攻击者 Bob 不能通过用户 U 的认证过程。在这种情况下，攻击者 Bob 将不会收到任何 $RESPONSE$ 信息。因此，提出的协议能有效抵抗重放攻击。

2) 提出的协议可以有效抵抗中间人攻击

为了抵抗中间人攻击，用户 U 与服务器 S 之间需要实现相互认证。在提出的协议中，用户 U 与 SIP 服务器 S 的共享会话密钥是在双方完成相互认证后生成的。因此，攻击者 Bob 不能分别与用户 U 和 SIP 服务器 S 建立单独的会话连接，并使

得用户 U 和 SIP 服务器 S 相信他们是在与对方进行会话。攻击者 Bob 只有在通过了 SIP 服务器 S 验证的情况下，才能与 SIP 服务器 S 建立一个共享会话密钥 SK，并使得 SIP 服务器 S 相信该共享会话密钥是它与用户 U 之间的共享会话密钥。当攻击者 Bob 试图构造一个有效的认证信息来通过 SIP 服务器 S 的认证时，他将面临解决椭圆曲线离散对数问题。同理，攻击者 Bob 也不能假冒 SIP 服务器 S 来与用户 U 共享一个会话密钥。因此，提出的协议能有效抵抗中间人攻击。

3) 提出的协议可以有效抵抗假冒攻击

假设攻击者 Bob 试图假冒用户 U，他构造了信息 V' 和 W'，并将伪造的 $REQUEST$ 信息发送给 SIP 服务器 S。SIP 服务器 S 接收到伪造信息 $REQUEST$ 后，他将用计算得到的 m' 值解密 V' 信息。由于攻击者 Bob 不知道 SIP 服务器 S 的私钥 s，SIP 服务器 S 在对比 T 中和 V 中的 $h(PW\|c)\oplus h(username\|c)$ 值时将会发现该攻击。

假设攻击者 Bob 选择了两个高熵随机数 (r_2', r')，构造了一个认证信息 $Auth_s'$，以假冒 SIP 服务器 S，并将该伪造信息 $CHALLENGE(realm, Auth_s', r_2'P, r')$ 发送给用户 U。当用户 U 接收到挑战信息 $CHALLENGE$ 后，他将验证接收到的认证信息 $Auth_s$ 是否等于计算出的哈希值 $h_1(S'\|r_1'P\|r\|SK')$。显然，攻击者 Bob 在不知道用户口令 PW、用户名 $username$、机密信息 r_1P 和 c 的情况下，他将不能通过用户 U 的认证过程。

假设攻击者 Bob 试图通过修改应答信息 $RESPONSE(realm, Auth_u')$ 来假冒用户 U，并将该伪造信息发送给 SIP 服务器 S。其中认证信息 $Auth_u'$ 由攻击者 Bob 生成。同理，当 SIP 服务器 S 验证等式 $Auth_u'=h_1(S\|r_1P\|(r+1)\|SK')$ 是否成立时，将会发现该攻击。因此，提出的协议能有效抵抗假冒攻击。

4) 提出的协议可以有效抵抗 Denning-Sacco 攻击

假设攻击者 Bob 获取了用户 U 与 SIP 服务器 S 间的一个共享会话密钥，并试图通过该共享会话密钥来获取用户的密码或其他次的会话密钥。在提出的协议中，用户 U 与 SIP 服务器 S 间共享会话密钥 SK 是由 $K=r_1r_2P$、r_1P、r 及 $h(PW\|c)\oplus h(username\|c)$ 构成的，其中高熵随机数 r_1、r_2 和 r 在每一次会话过程中都是不一样的。当攻击者 Bob 试图通过获取的会话密钥及截获的所有通信信息来猜测用户 U 的口令 PW 或其他次共享会话密钥 SK 时，他将面临解决椭圆曲线离散对数问题。因此，提出的协议能有效抵抗 Denning-Sacco 攻击。

5) 提出的协议可以有效抵抗盗取验证列表攻击

攻击者从 SIP 服务器中偷取了验证列表，并采用该验证列表假冒用户，通过认证过程的攻击称为盗取验证列表攻击。由于提出的协议中，SIP 服务器端无须存储用户口令列表或验证列表，从而有效避免了攻击者针对验证列表的攻击。因此，提出的协议能有效抵抗盗取验证列表攻击。

6) 提出的协议可以有效抵抗无智能卡的离线词典攻击

假设攻击者 Bob 通过窃听获取了用户 U 与 SIP 服务器 S 之间的所有通信信息，并试图进行离线词典攻击。为了获取用户口令 PW，攻击者 Bob 需要从截获的信息 $W= r_1(h(PW\|c)\oplus h(username\|c))s^2P$ 中提取 $h(PW\|c)\oplus h(username\|c)$，然而该提取过程将面临解决椭圆曲线离散对数问题。因此，攻击者 Bob 不能利用截获的请求信息 $REQUEST$ 成功进行离线词典攻击。此外，当攻击者 Bob 试图从截获的认证信息 $Auth_s$ 或 $Auth_u$ 中提取用户口令 PW 时，他同样将面临解决椭圆曲线离散对数问题。因此，提出的协议能有效抵抗无智能卡的离线词典攻击。

7) 提出的协议可以有效抵抗有智能卡的离线词典攻击

假设攻击者 Bob 获取了存储在用户 U 智能卡内存中的秘密信息(R, T, c)，并截获了用户 U 与 SIP 服务器 S 之间发送的请求信息 $REQUEST$、挑战信息 $CHALLENGE$ 及应答信息 $RESPONSE$。与离线的词典攻击相比，在拥有智能卡的离线词典攻击中，攻击者 Bob 拥有的额外信息为智能卡中存储的秘密信息(R, T, c)。然而，攻击者 Bob 并不能从 R 中提取信息 $h(PW\|c)\oplus h(username\|c)$，并通过提取信息来判断猜测的用户口令 PW 是否正确。这是因为当从 R 中提取信息 $h(PW\|c)\oplus h(username\|c)$时，将面临解决椭圆曲线离散对数问题。此外，攻击者 Bob 在不知道 SIP 服务器 S 私钥 s 的情况下，也不能从 T 中获取信息 $h(PW\|c)\oplus h(username\|c)$。因此，提出的协议能有效抵抗拥有智能卡的离线词典攻击。

8) 提出的协议具备会话密钥安全

在提出的协议中，只有用户 U 和 SIP 服务器 S 知道最终生成的共享会话密钥 $SK=h_1(K\|r_1P\|r\ \|h(PW\|c)\oplus h(username\|c))$。这是因为，任何人在不知道$(r_1, c, PW, username)$或 SIP 服务器 S 的私钥 s 和随机数 r_2 的情况下，都无法构造出正确的 $K= r_1r_2P$ 和 $h(PW\|c)\oplus h(username\|c)$。因此，提出的协议能提供会话密钥安全。

9) 提出的协议具备已知密钥安全

在提出的协议的每次会话过程中，高熵随机数 r_1 和 r_2 都分别由 SIP 服务器 S 和用户 U 的智能卡独立生成。因此，每次会话过程中用户 U 和 SIP 服务器 S 生成的共享会话密钥 $SK=h_1(K\|r_1P\|r\|h(PW\|c)\oplus h(username\|c))$不与任何其他共享会话密钥相关联。即使攻击者 Bob 获取了共享会话密钥 SK 和高熵随机数 r_1 和 r_2，他也无法计算出其他的共享会话密钥 $SK=h_1(r_1'r_2'P\|r_1'P\|r'\|h(PW\|c)\oplus h(username\|c))$。这是因为，每次会话过程生成的新鲜共享会话密钥是由$(r_1'r_2'P, r_1'P, r')$构成的，而这些信息在每次会话过程中都不相同。因此，在提出的匿名认证与密钥协商协议中，每一轮认证与密钥协商过程将在用户 U 和 SIP 服务器 S 间生成一个唯一的会话密钥 SK。

10) 提出的协议具备完美前向安全

在提出的协议中，假设攻击者 Bob 获取了用户口令 PW 及 SIP 服务器 S 的私

钥 s。攻击者 Bob 可以采用 SIP 服务器 S 的私钥 s 和截获的请求信息 $REQUEST(W, V)$ 获取正确的解密密钥 m，则攻击者 Bob 可以采用 m 解密信息 V，从而得到机密信息 r_1P、$h(PW\|c)\oplus h(username\|c)$，并解密 T 来获取 $h(PW\|c)\oplus h(username\|c)$。但是已知上述信息，并不能计算出先前的共享会话密钥 $SK=h_1(r_1'r_2'P\|r_1'P\|r'\| h(PW\|c)\oplus h(username\|c))$。这是因为攻击者 Bob 无法计算出正确的 $K= r_1'r_2'P$。要想得到 K，攻击者 Bob 需要从 $S=r_2'P$ 中提取 r_2'或从 $r_1'P$ 中提取 r_1'。此时，攻击者 Bob 将面临解决椭圆曲线离散对数问题。因此，在提出的协议中，即使攻击者获取了用户 U 的口令 PW 和 SIP 服务器 S 的私钥 s，用户 U 和 SIP 服务器 S 之前生成的共享会话密钥也不会被泄露。所以，提出的协议具备完美前向安全。

11) 提出的协议提供相互认证

在提出的协议中，SIP 服务器 S 和用户 U 分别通过验证认证信息 $Auth_u$ 和 $Auth_s$ 来完成相互认证。因此，提出的协议提供相互认证功能。

12) 提出的协议提供安全的选择和更新用户口令功能

在提出的协议中，在用户注册阶段，拥有智能卡的合法用户能自由地选择他所喜欢的口令，以便用户记忆。此外，提出的协议还能根据用户需求，对用户口令进行更新。即使智能卡丢失了或者被盗了，任何人在不知道 SIP 服务器 S 和用户 U 之间的共享会话密钥 SK 的情况下，都无法改变或更新用户的口令。

13) 提出的协议具备用户匿名

在提出的协议中，用户 U 的真实用户名由哈希函数、对称加密算法及椭圆曲线离散对数问题保护起来。在用户注册阶段，用户名由用户口令 PW 和用户选择的高熵随机数 c 保护。提交给 SIP 服务器 S 的用户口令信息 PW 则由哈希函数保护。因此，即使是 SIP 服务器 S 也不知道用户 U 的真实身份。在用户认证阶段，使用哈希函数后的用户身份信息由对称加密算法及椭圆曲线离散对数问题保护。因此，即使攻击者 Bob 获取了存储在智能卡内存中的秘密信息(R, T, c)并截获了服务器 S 和用户 U 之间发送的所有消息，在不知道 SIP 服务器 S 私钥 s 和用户 U 的口令信息 PW 的情况下，攻击者 Bob 也无法知道用户 U 的真实身份。

3. 性能分析

本节给出提出的匿名认证与密钥协商协议与相关协议[15, 20-22]在性能方面的比较。

在本节提出的协议中，用户的口令 PW 嵌入在信息 $h(PW\|c)\oplus h(username\|c)$ 中。在注册阶段，SIP 服务器 S 在接收到机密信息$\{h(PW\|c)\oplus h(username\|c)\}$后，计算秘密 $R= (h(PW\|c)\oplus h(username\|c))s^2P$ 和 $T=E_s(h(PW\|c) \oplus h(username\|c))$，并将计算得到的秘密存储在用户智能卡的内存中。然后，将该智能卡通过安全方式发送给用户。此外，在提出的协议中，SIP 服务器端无须存储任何验证或查询列

表。提出的协议还具备用户匿名性质。在认证过程中，用户的真实身份由哈希函数、对称加密算法及椭圆曲线离散对数问题保护起来。因此，即使攻击者获取了用户 U 与 SIP 服务器 S 之间发送的所有信息，也无法获取用户的真实身份。所以，提出的协议具备用户匿名性，并保护了用户的隐私。提出的协议还提供用户口令更新功能，支持用户自由更新他们的用户口令。根据表 2-3，提出的匿名认证与密钥协商协议能有效抵抗各种已知攻击并能提供一系列安全属性。

表 2-3　提出的匿名认证与密钥协商协议与相关协议的功能对比表

攻击和安全特征	Yoon 等提出的协议[15]	Xie 提出的协议[20]	Arshad 和 Ikram 提出的协议[21]	He 等提出的协议[22]	本节提出的协议
无验证列表	否	否	否	否	是
提供用户口令更新	否	否	否	否	是
具备用户匿名	否	否	否	否	是
抵抗盗取验证列表攻击	否	是	是	是	是
抵抗离线词典攻击	否	是	否	是	是
抵抗智能卡丢失攻击	N/A	N/A	N/A	N/A	是
具备会话密钥协商	是	是	是	是	是
具备相互认证	是	是	是	是	是
具备前向安全	是	是	是	是	是

本节性能分析使用的符号定义如下。

(1) T_m：执行一次椭圆曲线点乘算法的时间。

(2) T_a：执行一次椭圆曲线点加算法的时间。

(3) T_h：执行一次单向哈希操作的时间。

(4) T_v：执行一次模逆操作的时间。

(5) T_e：执行一次对称加密操作的时间。

(6) T_d：执行一次对称解密操作的时间。

采用 AES 作为对称密钥加密解密算法，Duh 等[26]基于 MOTE-KIT 5040 (8bit Atmel ATmega128L 8 MHz)执行了 AES 操作。实验结果表明，加密和解密 128 位明文和密文分别需要 0.857 ms(T_e)和 1.328 ms(T_d)。此外，基于 PIV 3 GHz 处理器(512 MB 内存)和 Windows XP 操作系统，He 等[22]给出了执行椭圆曲线点乘算法的时间为 12.08 ms(T_m)，执行椭圆曲线点加算法的时间为 0.01 ms(T_a)。此外，执行模逆操作的时间为 1.89 ms(T_v)，执行单向哈希操作的时间少于 0.001 ms(T_h)。相关操作的执行时间见表 2-4。

表 2-4　相关操作执行时间

操作	执行时间/ms	平台
T_e (AES-128 加密)	0.875	MOTE-KIT 5040 (8bit Atmel ATmega128L 8 MHz) [26]
T_d (AES-128 解密)	1.328	
T_m	12.08	PIV 3GHz (512MB) Windows XP [22]
T_a	< 0.01	
T_v	1.89	
T_h	< 0.001	

在用户注册阶段，本节提出的协议需要在用户端执行两次哈希操作来计算 $h(PW\|c)\oplus h(username\|c)$。在 SIP 服务器端需要执行一次椭圆曲线点乘运算获取 R，以及一次对称密钥加密操作生成 T。在预计算阶段，智能卡执行两次椭圆曲线点乘运算得到 W 和 r_1P。在认证与密钥协商阶段，用户端需要执行两次椭圆曲线点乘运算来得到 $m=(h(PW\|c)\oplus h(username\|c))r_1P$ 和 $K'=r_1S$，两次对称密钥加密操作计算 V，以及五次哈希操作计算 $h(PW\|c)$、$h(username\|c)$、$Auth_s$、$Auth_u$ 和共享会话密钥 SK'。SIP 服务器端需要执行一次椭圆曲线点乘运算和一次模逆运算来得到 m'，两次椭圆曲线点乘运算来获取 S 和 K，两次对称密钥解密操作来解密 V 和 T，以及三次哈希操作来计算共享会话密钥 SK、认证信息 $Auth_s$ 和 $Auth_u$ 的值。在用户口令更新阶段，用户端需要执行四次哈希操作来获取 $h(PW^*\|c^*)$、$h(username\|c^*)$、$h(h(PW^*\|c^*)\oplus h(username\|c^*)\|N)$ 和 $h((N+1)\|R^*\|T^*)$，一次对称密钥加密操作和一次对称密钥解密操作。SIP 服务器端需要执行一次椭圆曲线点乘运算来计算新的秘密信息 R^*，两次哈希操作来得到 $h(h(PW^*\|c^*)\oplus h(username\|c^*)\|N)$ 和 $h((N+1)\|R^*\|T^*)$，以及两次对称密钥加密操作和一次对称密钥解密操作。

表 2-5 给出了提出的匿名认证与密钥协商协议与相关协议[15, 20-22]的计算量对比。根据表 2-4 和表 2-5，在认证阶段，本节提出的协议的执行时间约为 65.82 ms，Yoon 等提出的协议[15]的执行时间约为 72.52 ms，Xie 提出的协议[20]的执行时间约为 76.57 ms，Arshad 和 Ikram 提出的协议[21]的执行时间约为 62.30 ms，He 等提出的协议[22]的执行时间约为 72.49 ms。

表 2-5　提出的匿名认证与密钥协商协议与相关协议计算开销对比表

步骤	Yoon 等提出的协议[15]	Xie 提出的协议[20]	Arshad 和 Ikram 提出的协议[21]	He 等提出的协议[22]	本节提出的协议
用户注册阶段	$2T_m+1T_a$	$1T_e$		$2T_h$	$1T_m+1T_h+1T_e$
	≈24.17 ms	≈0.875 ms		≈0.002 ms	≈12.975 ms
预计算阶段					$2T_m$
					≈24.16 ms
认证与密钥协商阶段	$6T_m+3T_a+4T_h$	$6T_m+1T_a+6T_h+1T_e+1T_d+1T_v$	$5T_m+6T_h+1T_v$	$6T_m+6T_h$	$5T_m+8TZ_h+1T_e+2T_d+1T_v$
	≈72.52 ms	≈76.57 ms	≈62.30 ms	≈72.49 ms	≈65.82 ms
用户口令更新阶段					$1T_m+6T_h+3T_e+2T_d$
					≈17.376 ms

如图 2-5 所示，本节提出的匿名认证与密钥协商协议和 Arshad、Ikram 提出的协议[21]一样有效，比 Yoon 等提出的协议[15]、Xie 提出的协议[20]及 He 等提出的协议[22]执行效率更高。这是因为本节提出的匿名认证与密钥协商协议有效减少了椭圆曲线点乘操作的执行次数。与 Arshad 等提出的协议[21]相比，本节提出的协议总的计算开销略有增加，这是因为本节提出的协议满足更多的安全需求。此外，注册过程只执行一次，且只有当用户需要更新用户口令时，口令更新过程才执行。因此，本节提出的认证与密钥协商协议的总计算开销增加较小。

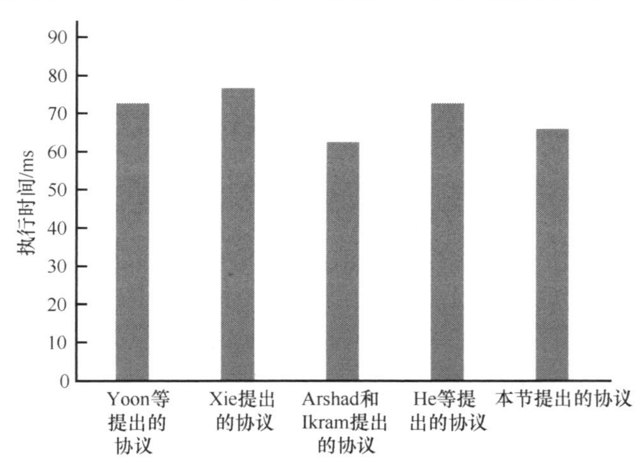

图 2-5　本节提出的协议与相关协议计算执行时间对比图

本节给出了一个稳定的 SIP 匿名认证与密钥协商协议。在提出的协议中，采用用户口令和智能卡实现了用户与 SIP 服务器之间的相互认证和密钥协商。提出的协议能有效抵抗重放攻击、假冒攻击、盗取验证列表攻击、中间人攻击、Denning-Sacco 攻击及有或无智能卡的离线词典攻击。此外，提出的协议还具有一系列的安全属性，如用户匿名、SIP 服务器端无须存储验证列表、支持用户口令更新等。

2.2.3 轻量级认证与密钥协商协议设计

1. 协议设计思路

为了有效降低能耗，减少认证与密钥协商协议运行所需的计算开销，在 VoIP 应用环境中设计认证与密钥协商协议时，通常采用验证列表来加快认证的速度，在一定程度上降低协议的复杂性。采用验证列表的协议中，SIP 服务器会事先在其数据库中存储用户的口令或口令的哈希值，并通过将用户提供的口令信息与存储在数据库中的口令信息进行比对，从而验证用户的身份。然而，采用验证列表的认证与密钥协商协议可能会遭受盗取验证列表攻击，如图 2-6 所示，攻击者可以通过各种手段盗取 SIP 服务器中存储的验证列表，并实施口令猜测攻击来获取用户的真实口令。此外，SIP 服务器内部特权拥有者可以容易地获取用户身份和口令的验证列表，从而可利用这些信息假冒用户登录其他服务器。验证列表的使用还会带来其他的问题。例如，验证列表的维护，当用户量很大的时候，服务器端存储的验证列表将会非常庞大，难于管理。因此，基于验证列表的解决方案并不适用于 VoIP 应用环境，如何构建无验证列表的轻量级认证与密钥协商协议是本节需要解决的重点问题。

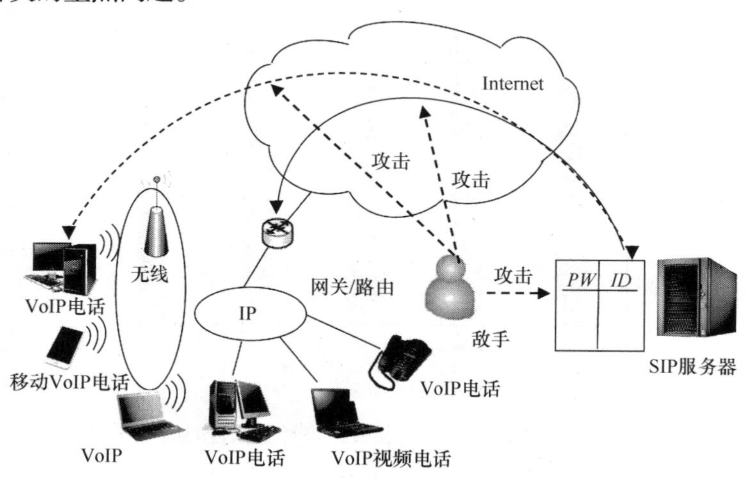

图 2-6 VoIP 环境中利用验证列表的恶意攻击

2. 协议设计

本节给出轻量级认证与密钥协商协议的详细过程。提出的协议包括四个阶段，分别为初始化阶段、注册阶段、认证与密钥协商阶段和用户口令更新阶段。表 2-6 给出了提出的认证与密钥协商协议中用到的符号及这些符号相应的说明。

表 2-6　符号及其说明表

符号	说明
U_i	用户 i
S	SIP 服务器
PW_i	用户 U_i 的口令
ID_i	用户 U_i 的身份
s	SIP 服务器 S 的私钥
$h(\cdot)$	安全的单向哈希函数
$\|\|$	串接操作符
$\oplus$	异或操作符
$X \rightarrow Y{:}M$	X 发送消息 M 给 Y
$(Q)_x/(Q)_y$	椭圆曲线点 Q 的 x 或 y 坐标值
r, r_1, r_2, r_3, r_4	高熵随机数
SK	共享会话密钥

1) 初始化阶段

在初始化阶段，SIP 服务器 S 将为认证和密钥协商过程生成一些安全参数。

步骤 S1：SIP 服务器 S 选取椭圆曲线 $E_p(a, b)$: $y^2=x^3+ax+b \pmod p$，其中 p 为大素数，$a, b \in F_p$，且 $4a^3+27b^2 \neq 0 \pmod p$。椭圆曲线上所有整点的集合构成循环加法群 G，且 G 有素数阶 q, P 为生成元。

步骤 S2：SIP 服务器 S 计算公钥 $P_{pub}=sP$。并选择一个高熵随机数 $s \in_R Z_q^*$ 作为自己的私钥，秘密保存。然后 SIP 服务器 S 构造一个安全的单向哈希函数 $h(\cdot)$: $\{0,1\}^* \rightarrow \{0,1\}^k$。

步骤 S3：SIP 服务器 S 发布公共信息 $\{E_p(a,b), P, P_{pub}, h(\cdot)\}$。

2) 注册阶段

当新用户 U_i 向 SIP 服务器 S 提出注册请求时，用户 U_i 与 SIP 服务器 S 执行下列操作完成注册过程。

步骤 R1：$U_i \rightarrow S$: (ID_i, C_1)。

用户 U_i 首先选择他的用户名 ID_i、用户口令 PW_i 及一个高熵随机数 r。其次用户 U_i 计算 $C_1=h(PW_i \oplus r)$。最后用户 U_i 通过安全方式将信息 $\{ID_i, C_1\}$ 发送给 SIP 服

务器 S。

步骤 R2：$S \rightarrow U_i$：智能卡含有信息(C_3)。

SIP 服务器 S 接收到用户 U_i 发送的消息后，将采用自己的私钥 s 和接收到的信息$\{ID_i, C_1\}$计算两个秘密信息 $C_2=h(ID_i \oplus s)$和 $C_3= C_1 \oplus C_2=h(PW_i \oplus r) \oplus h(ID_i \oplus s)$。最后，SIP 服务器 S 将 C_3 存储在智能卡内，并将该智能卡通过安全方式发送给用户 U_i。

步骤 R3：智能卡用户(C_3 , r)。

当用户 U_i 收到智能卡后，将高熵随机数 r 写入智能卡中，则智能卡内存中存储了机密信息(C_3 , r)。用户 U_i 秘密保存用户口令和智能卡，用于之后的认证过程。

3) 认证与密钥协商阶段

在认证与密钥协商过程中，用户 U_i 与 SIP 服务器 S 执行如下步骤完成相互认证和密钥协商。具体步骤如图 2-7 所示。

步骤 A1：$U_i \rightarrow S$: $REQUEST(ID_i, C_4, C_6)$。

首先，用户 U_i 将智能卡插入读卡器中，并输入其用户名 ID_i 和用户口令 PW_i。其次，智能卡采用输入的用户口令 PW_i 和存储在智能卡中的秘密信息(C_3, r)计算 $C_2=C_3 \oplus h(PW_i \oplus r)=h(ID_i \oplus s)$。再次，智能卡选择两个高熵随机数 r_1, r_2，并计算 $C_4=r_1P$、$C_5=r_1C_2P_{Pub}$ 和 $C_6=h(C_5) \oplus (h(ID_i \oplus s) \oplus r_2 \| (C_5)_x \| (C_5)_y)$，其中$(C_5)_x$和$(C_5)_y$分别表示椭圆曲线点 C_5 的横坐标和纵坐标。最后，用户 U_i 通过公共信道将请求信息 $REQUEST(ID_i, C_4, C_6)$发送给 SIP 服务器 S。

步骤 A2：$S \rightarrow U_i$: $CHALLENGE(realm, C_7, Auth_s, r_4)$。

当接收到用户 U_i 发送的请求信息 $REQUEST(ID_i, C_4, C_6)$后，SIP 服务器 S 采用它自己的私钥 s 和接收到的用户身份信息 ID_i 计算 $C_2=h(ID_i \oplus s)$。然后，SIP 服务器 S 采用它自己的私钥 s 和接收到的信息 C_6 计算 $h(sC_2C_4) \oplus C_6$，从而得到$(h(ID_i \oplus s) \oplus r_2 \| (C_5)_x \| (C_5)_y)$。接下来，SIP 服务器 S 验证等式$(C_5)_x \| (C_5)_y = (sC_2C_4)_x \| (sC_2C_4)_y$ 是否成立。如果等式不成立，SIP 服务器 S 将终止认证过程，否则它将计算 $C_2 \oplus h(ID_i \oplus s) \oplus r_2$，来获取高熵随机数 r_2。随后，SIP 服务器 S 选取两个高熵随机数(r_3, r_4)，计算 $C_7=r_3P$、共享会话密钥 $SK=h(C_4 \| r_3C_4 \| C_7)$和认证信息 $Auth_s=h(h(ID_i \oplus s) \| r_2 \| (SK)_x \| (C_5)_x \| (SK)_y \| (C_5)_y)$。最后，SIP 服务器 S 发送挑战信息 $CHALLENGE (realm, C_7, Auth_s, r_4)$给用户 U_i。

步骤 A3：$U_i \rightarrow S$: $RESPONSE(realm, Auth_u)$。

当用户 U_i 接收到 SIP 服务器 S 发送的挑战信息 $CHALLENGE (realm, C_7, Auth_s, r_4)$后，智能卡采用存储的高熵随机数 r_1 和接收到的信息 C_7 计算共享会话密钥 $SK=h(C_4 \| r_1C_7 \| C_7)$。然后，智能卡计算 $h(C_2 \| r_2 \| (SK)_x \| (C_5)_x \| (SK)_y \| (C_5)_y)$，并验证该计算值是否与接收到的认证信息 $Auth_s$ 相同。如果不相同，用户 U_i 将终止认证过程。如果相同，用户 U_i 将计算的会话密钥 SK 设为它与 SIP 服务器 S 之间的共享会话密

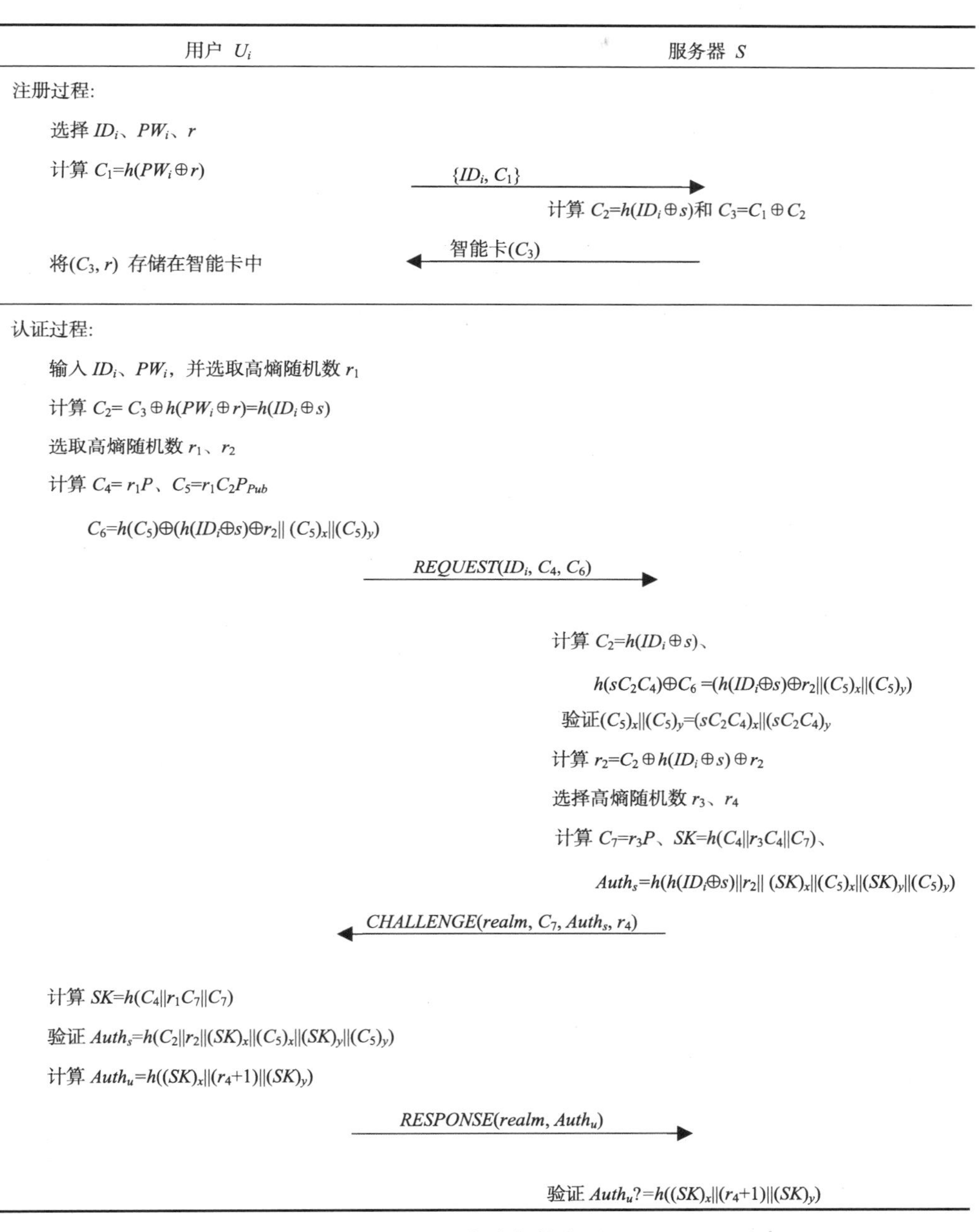

图 2-7 认证与密钥协商过程

钥，并生成认证信息 $Auth_u=h((SK)_x\|(r_4+1)\|(SK)_y)$。最后，用户 U_i 发送应答信息 $RESPONSE\ (realm, Auth_u)$给 SIP 服务器 S。

步骤 A4：SIP 服务器 S 接收到用户 U_i 发送的应答信息 $RESPONSE$ ($realm, Auth_u$) 后，将验证等式 $Auth_u=h((SK)_x\|(r_4+1)\|(SK)_y)$ 是否成立。如果等式不成立，SIP 服务器 S 将终止认证过程。如果等式成立，SIP 服务器 S 将计算的 $SK=r_1r_2P$ 值作为它与用户 U_i 之间的共享会话密钥。

4) 用户口令更新阶段

在用户口令更新过程中，用户 U_i 可以更新他之前的用户口令 PW_i。用户口令更新过程如图 2-8 所示。

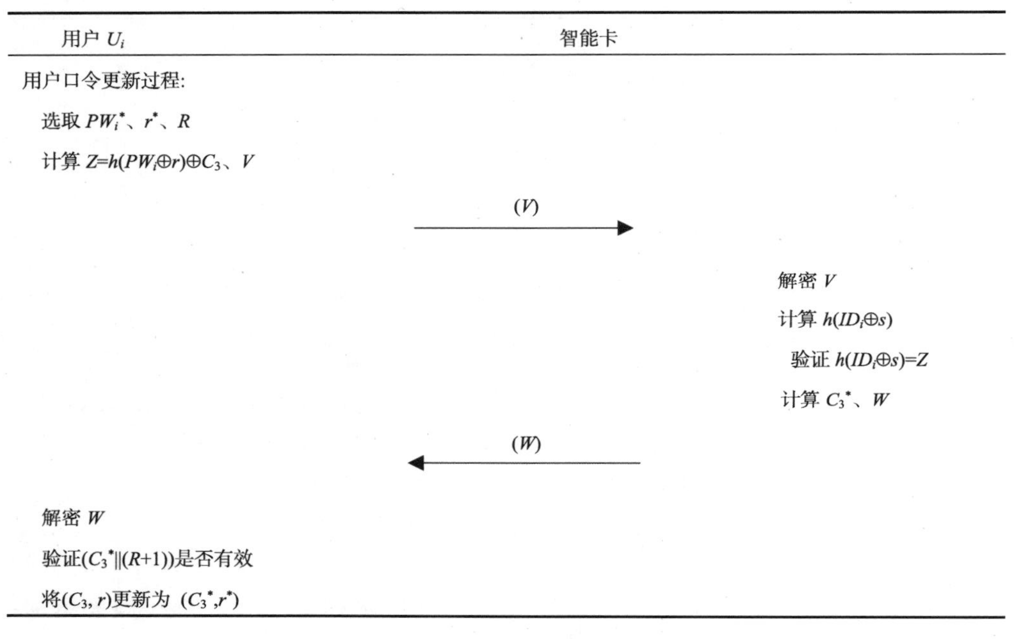

图 2-8　用户口令更新过程

步骤 P1：$U_i\rightarrow S:(V)$。

若用户 U_i 需要更新他的用户口令 PW_i，他需要选择一个新的用户口令 PW_i^*，并选取高熵随机数 r^* 和 R 用于新鲜性检验。然后，用户 U_i 输入旧的用户口令 PW_i，并计算 $Z=h(PW_i\oplus r)\oplus C_3$ 和 $V=E_{(SK)x}(h(PW_i^*\oplus r^*)\|ID_i\|R\|Z)$，其中 $E_{(SK)x}(\cdot)$ 表示对称加密函数，加密密钥为椭圆曲线上的点 SK 的横坐标值。最后，用户 U_i 发送信息 V 给 SIP 服务器 S。

步骤 P2：$S\rightarrow U_i:(W)$。

SIP 服务器 S 接收到用户 U_i 发送的信息 V 后，将采用它与用户 U_i 之间的共享会话密钥 SK 解密接收到的信息 V，来获取用户 U_i 的身份信息 ID_i。然后，SIP 服务器 S 采用解密得到身份信息 ID_i 和自己的私钥 s 计算 $h(ID_i\oplus s)$，并验证 $h(ID_i\oplus s)=$

Z是否成立。如果等式不成立，SIP服务器S将拒绝用户的口令更新请求。否则，SIP服务器S计算$C_3^*=h(PW_i^*\oplus r^*)\oplus h(ID_i\oplus s)$和$W=E_{(SK)x}(C_3^*||h(C_3^*||(R+1)))$，并将信息$W$发送给用户$U_i$。

步骤P3：当接收到SIP服务器S发送的信息后，用户U_i对接收到的消息W进行解密，并验证认证标签$h(C_3^*||(R+1))$是否有效。如果有效，则将智能卡中存储的信息(C_3, r)更新为(C_3^*, r^*)。否则，用户U_i将终止用户口令的更新。

3. 安全性分析

本节对提出的轻量级认证与密钥协商协议的安全性进行分析。

1) 提出的协议可以有效抵抗重放攻击

假设攻击者Bob截获了用户U_i之前在步骤A1中发送的请求信息$REQUEST(ID_i, C_4, C_6)$，并将该信息重新发送给SIP服务器S。在提出的协议中，除非攻击者Bob能正确地猜测用户U_i与SIP服务器S之间的共享会话密钥SK，否则他将无法构造一个合法的认证信息$Auth_u$来通过步骤A3中的验证。当攻击者Bob试图从截获的信息C_4中获取高熵随机数r_1或从C_7中获取高熵随机数r_3来构造共享会话密钥时，他将面临解决椭圆曲线离散对数问题。同理，攻击者Bob也不能从信息C_6中获取高熵随机数r_1。此外，由于共享会话密钥由安全的单向哈希函数保护，攻击者Bob也不能从截获的认证信息$Auth_s$中猜测出正确的共享会话密钥SK。由于攻击者Bob在不知道正确会话密钥的情况下，不能构造出一个有效的认证信息$Auth_u$，也就不能通过SIP服务器S的认证。

假设攻击者Bob截获了先前的挑战信息$CHALLENGE(realm, C_7, Auth_s, r_4)$，并将该信息重新发送给用户$U_i$。当用户$U_i$在步骤A3中验证等式$Auth_s?=h(C_2||r_2||(SK)_x||(C_5)_x||(SK)_y||(C_5)_y)$是否成立时，将会发现该重放攻击。同样，攻击者Bob在不知道共享会话密钥SK和SIP服务器S私钥s的情况下将无法通过认证。

2) 提出的协议可以有效抵抗中间人攻击

提出的协议通过实现用户与服务器之间的相互认证来抵抗中间人攻击。假设攻击者Bob试图通过假冒用户U_i来与SIP服务器S建立独立的会话连接并共享会话密钥，他需要通过SIP服务器S的认证。为了通过认证，攻击者Bob需要获取高熵随机数r_1和r_2来构造用户U_i与SIP服务器S之间的共享会话密钥SK。然而，当攻击者Bob试图从截获的信息中提取高熵随机数r_1和r_2时，他将需要解决椭圆曲线离散对数问题。因此，攻击者Bob不能通过SIP服务器S的认证。同理攻击者Bob在不知道共享会话密钥SK和SIP服务器S私钥s的情况下，也不能通过用户U_i的认证。因而，攻击者Bob不能通过假冒SIP服务器S来与用户U_i建立一个独立的会话连接并共享一个会话密钥。

3) 提出的协议可以有效抵抗假冒攻击

假设攻击者 Bob 试图假冒用户 U_i，他构造了信息(ID_i, C_4', C_6')，并将伪造的 *REQUEST* 信息发送给 SIP 服务器 S。当 SIP 服务器 S 验证等式$(C_5)_x\|(C_5)_y=(sC_2C_4)_x\|(sC_2C_4)_y$是否成立时，将会发现该攻击。这是因为攻击者 Bob 在不知道服务器私钥的情况下，无法构造一个合法的信息 C_5。

假设攻击者构造了信息(*realm*, C_7', $Athu_s'$)，并将伪造的挑战信息 *CHALLENGE* 发送给用户 U_i，以假冒 SIP 服务器 S。当用户 U_i 接收到挑战信息后，在验证认证信息 $Athu_s'$时，将会发现该假冒攻击。这是因为，攻击者 Bob 不能正确地猜测用户 U_i 与 SIP 服务器 S 之间的共享会话密钥 SK 和 SIP 服务器 S 的私钥 s，因此无法构造出有效的认证信息 $Athu_s'$来通过认证。

假设攻击者 Bob 试图通过修改应答信息 *RESPONSE*(*realm*, $Athu_u'$)来假冒用户 U_i，并将该伪造信息发送给 SIP 服务器 S。由于攻击者 Bob 不能正确地猜测用户 U_i 与 SIP 服务器 S 之间的共享会话密钥 SK，当 SIP 服务器 S 验证认证信息 $Athu_u'$ 时，将会发现该攻击。

4) 提出的协议可以有效抵抗 Denning-Sacco 攻击

假设攻击者 Bob 获取了用户 U_i 与 SIP 服务器 S 之间的一个共享会话密钥 $SK=h(r_1P\|r_1r_3P\| r_3P)$，并试图通过该会话密钥来获取用户口令 PW_i 和 SIP 服务器 S 的私钥 s。由于生成的共享会话密钥中不含有用户 U_i 的口令 PW_i 和 SIP 服务器 S 的私钥 s。攻击者并不能通过获取以前的会话密钥来得到用户 U_i 的口令 PW_i 和 SIP 服务器 S 的长期私钥 s。此外，在提出的协议中，用户 U_i 与 SIP 服务器 S 之间共享的会话密钥 SK 是由 r_1P、r_1r_3P 和 r_3P 构成的。其中高熵随机数 r_1 由用户 U_i 选取，高熵随机数 r_3 由 SIP 服务器 S 随机选取。因此，每一轮生成的会话密钥 SK 与其他会话密钥是无关联的。所以，攻击者 Bob 不能通过获取的会话密钥来正确猜测其他会话密钥。

5) 提出的协议可以有效抵抗盗取验证列表攻击

在提出的协议中，SIP 服务器端无须存储用户密码表或验证列表。因此，攻击者 Bob 不能通过偷盗 SIP 服务器中存储的验证列表，来获取用户的私有信息，从而能有效避免攻击者 Bob 针对验证列表的攻击。

6) 提出的协议可以有效抵抗无智能卡的离线词典攻击

假设攻击者 Bob 通过窃听获取了用户 U_i 与 SIP 服务器 S 之间的所有通信信息，并试图发起离线词典攻击。由于用户 U_i 与 SIP 服务器 S 之间传输的所有信息中均不包含用户的口令信息 PW_i，攻击者 Bob 则无法通过其所截获的通信信息来判断他所猜测的用户口令是否正确。

7) 提出的协议可以有效抵抗有智能卡的离线词典攻击

假设攻击者 Bob 获取了存储在用户 U 智能卡内存中的秘密信息(C_3, r)并截获

了用户 U_i 与 SIP 服务器 S 之间发送的请求信息 *REQUEST*、挑战信息 *CHALLENGE* 及应答信息 *RESPONSE*。与离线词典攻击相比，在拥有智能卡的离线词典攻击中，攻击者 Bob 拥有的额外信息为智能卡中存储的秘密信息(C_3, r)。然而，攻击者 Bob 在不知道 SIP 服务器 S 的私钥 s 的情况下，不能获取 $h(PW_i \oplus r)$。显然，额外信息(C_3, r)并不能增加攻击者 Bob 正确猜测出用户口令 PW_i 的能力。

8) 提出的协议具备会话密钥安全

在提出的协议中，只有用户 U_i 和 SIP 服务器 S 知道最终生成的共享会话密钥 $SK=h(r_1P\|r_1r_3P\|r_3P)$。这是因为，攻击者 Bob 不能从截获的信息中获取 r_1r_3P 来生成正确的共享会话密钥 SK。当攻击者 Bob 试图从截获的信息 C_4 中获取高熵随机数 r_1 或从 C_7 中获取高熵随机数 r_3 来构造共享会话密钥 SK 时，他将面临解决椭圆曲线离散对数问题。

9) 提出的协议具备已知密钥安全

在提出的协议的每次会话过程中，高熵随机数 r_1 和 r_3 分别由 SIP 服务器 S 和用户 U_i 的智能卡独立生成。由于每次会话过程中 r_1 和 r_3 都不相同，用户 U_i 和 SIP 服务器 S 生成的共享会话密钥 SK 不与任何其他共享会话密钥相关联。即使攻击者 Bob 获取了共享会话密钥 SK 和高熵随机数 r_1 和 r_3，他也无法计算出其他的共享会话密钥 $SK'=h(r_1'P\|r_1'r_3'P\|r_3'P)$。这是因为每次会话过程生成的新鲜共享会话密钥是由$(r_1'P, r_1'r_3'P, r_3'P)$构成的，而这些信息在每次会话过程中都不相同。因此，在提出的协议中，每次认证和密钥协商过程，用户 U_i 和 SIP 服务器 S 间生成的共享会话密钥 SK 都是唯一的。

10) 提出的协议具备完美前向安全

在提出的协议中，假设攻击者 Bob 获取了用户 U_i 的口令 PW_i 及 SIP 服务器 S 的私钥 s，攻击者 Bob 试图计算先前的会话密钥 $SK=h(r_1P\|r_1r_3P\|r_3P)$。然而，攻击者 Bob 在不知道高熵随机数 r_1 或 r_3 的情况下，无法构造出先前的共享会话密钥 SK。这是因为，要想获取高熵随机数 r_1 或 r_3 需要求解椭圆曲线离散对数问题。此外，由于单向哈希函数的特性，攻击者 Bob 也不能从认证信息 $Auth_s$ 和 $Auth_u$ 中直接获取共享会话密钥 SK。因此，即使攻击者 Bob 获取了用户 U_i 的口令 PW_i 及 SIP 服务器 S 的私钥 s，他也不能得到用户 U_i 和 SIP 服务器 S 先前协商出的共享会话密钥 SK。

11) 提出的协议提供相互认证

在提出的协议中，SIP 服务器 S 和用户 U_i 分别通过验证认证信息 $Auth_s$ 和 $Auth_u$ 来完成相互认证。因此，提出的协议提供相互认证功能。

12) 提出的协议提供安全的选择和更新用户口令功能

在提出的协议中，合法用户在注册阶段能自由地选择他所喜欢的口令，以便用户记忆。此外，提出的协议还能根据用户的需求，对用户口令进行更新。即使智能卡丢失了或者被盗了，任何人在不知道 SIP 服务器 S 和用户 U_i 之间的共享会话密钥 SK 的情况下，都无法改变或更新用户的口令。

4. 性能分析

本节对提出的轻量级认证与密钥协商协议与相关协议[18, 21-22, 27-28]在性能方面进行对比。

提出的协议无须在 SIP 服务器端存储验证列表，从而有效避免了维护验证列表的开销。根据表 2-7，Tsai 提出的协议[18]、Arshad 和 Ikram 提出的协议[21]、He 等提出的协议[22]都需要在 SIP 服务器端存储验证列表来完成相互认证，且上述协议均不提供有效的用户口令更新功能。此外，Tsai 提出的协议[18]不能抵抗离线词典攻击、盗取验证列表攻击和 Denning-Sacco 攻击，与表 2-7 中其他协议[21-22, 27-28]相比安全性低。Tu 等提出的协议[28]无须在 SIP 服务器端存储验证列表，但该协议不能抵抗假冒攻击且不具备用户口令更新功能。尽管 Yeh 等提出的协议[27]满足较多的安全需求，但该协议存在时钟同步问题。根据表 2-7，本节提出的协议不仅能有效抵抗已知攻击还具备一系列的特征，如 SIP 服务器端无须存储验证列表、提供用户口令更新、不存在时钟同步问题等。

表 2-7　提出轻量级认证与密钥协商协议与其他相关协议的功能对比表

功能项	Tsai 提出的协议[18]	Arshad 和 Ikram 提出的协议[21]	He 等提出的协议[22]	Yeh 等提出的协议[27]	Tu 等提出的协议[28]	本节提出的协议
抵抗重放攻击	是	是	是	是	是	是
抵抗假冒攻击	是	是	是	是	否	是
抵抗离线词典攻击	否	否	是	是	是	是
抵抗盗取验证列表攻击	否	是	是	是	是	是
抵抗 Denning-Sacco 攻击	否	是	是	是	是	是
提供相互认证	是	是	是	是	是	是
提供用户口令更新	否	否	否	是	否	是
无验证列表	否	否	否	是	是	是
无时钟同步问题	是	是	是	否	是	是

下面对提出的轻量级认证与密钥协商协议与其他相关协议[18, 21-22, 27-28]在计算开销方面进行对比。为了模拟真实的应用环境，在实验中，将 SIP 服务器和用户端安装在两台处于同一局域网内的计算机上。用户端的计算机配置 Intel Pentium

G630 处理器，该处理器提供 4 GB 内存和 2.7 GHz 主频。SIP 服务器端的计算机配置 Intel G850 处理器，该处理器拥有 4 GB 内存和 2.90 GHz 主频。此外，实验中选取的椭圆曲线为 521 位 NIST/SECG 素域标准椭圆曲线，哈希函数为 SHA-1 单向散列函数。本节性能分析中使用的符号定义如下。

(1) T_m：执行椭圆曲线点乘算法的时间。

(2) T_a：执行椭圆曲线点加算法的时间。

(3) T_h：执行单向哈希操作的时间。

(4) T_v：执行模逆操作的时间。

根据表 2-8，本节提出的协议在注册阶段，需要执行两次哈希操作完成用户端 C_1 的计算和 SIP 服务器端 C_2 的计算。由于整个注册阶段只需要执行两次哈希操作，该过程的执行时间约为 0.012 ms。

表 2-8　提出轻量级认证与密钥协商协议与其他相关协议的计算开销对比表

对比项		Tsai 提出的协议[18]	Arshad 和 Ikram 提出的协议[21]	He 等提出的协议[22]	Yeh 等提出的协议[27]	Tu 等提出的协议[28]	本节提出的协议
注册阶段	用户端				$1T_h$	$1T_h$	$1T_h$
	服务器端		$2T_h$	$2T_h$	$3T_h+1T_m$	$1T_m+1T_h$	$1T_h$
	执行时间		0.012 ms	0.012 ms	10.212 ms	9.860 ms	0.012 ms
认证与密钥协商阶段	用户端	$4T_h$	$2T_m+3T_h$	$3T_m+3T_h$	$4T_m+2T_a+6T_h$	$3T_m+1T_a+4T_h$	$3T_m+4T_h$
	服务器端	$3T_h$	$3T_m+T_v+3T_h$	$3T_m+3T_h$	$3T_m+2T_a+5T_h$	$3T_m+4T_h$	$3T_m+5T_h$
	执行时间	0.724 ms	57.612 ms	69.084 ms	98.620 ms	71.096 ms	69.12 ms

在认证与密钥协商阶段，本节提出的协议用户端需要执行三次椭圆曲线点乘操作来计算得到 C_4、C_5 和 r_1C_7，需要执行四次哈希操作来生成 $h(C_5)$、SK、$Auth_s$ 和 $Auth_u$。在 SIP 服务器端需要执行三次椭圆曲线点乘操作来计算 sC_2C_4、C_7 和 r_3C_4，以及五次哈希操作来获取 C_2、$h(sC_2C_4)$、SK、$Auth_s$ 和 $Auth_u$。实验结果表明整个认证过程所需时间为 69.12 ms。

Tsai 提出的协议[18]中，在认证与密钥协商阶段，用户端需要执行四次哈希操作，SIP 服务器端需要执行三次哈希操作。Arshad 和 Ikran 提出的协议[21]中，在注册阶段，SIP 服务器端需要执行两次哈希操作；在认证与密钥协商阶段，用户端需要执行两次椭圆曲线点乘计算和三次哈希操作，SIP 服务器端需要执行三次椭圆曲线点乘计算、一次模逆操作和三次哈希操作。He 等提出的协议[22]中，在注册阶段，SIP 服务器端需要执行两次哈希操作；在认证与密钥协商阶段，用户端需要执行三次椭圆曲线点乘计算和三次哈希操作，SIP 服务器端需要执行三次椭圆曲线点乘计算和三次哈希操作。Yeh 等提出的协议[27]中，在注册阶段，用户端需要执行一次哈希函数，SIP 服务器端需要执行三次哈希操作及一次椭圆曲线点乘计算；在认证与密钥协商阶段，用户端需要执行四次椭圆曲线点乘计算、两次椭圆曲线点加计算和六次哈希操作，SIP 服务器端需要执行三次椭圆曲线点乘计算、两次椭圆曲线点加计算和五次哈希操作。Tu 等提出的协议[28]中，在注册阶段，用户端需要执行一次哈希操作，SIP 服务器端需要执行一次椭圆曲线点乘和一次哈希函操作；在认证与密钥协商阶段，用户端需要执行三次椭圆曲线点乘计算、一次椭圆曲线点加计算和四次哈希操作，SIP 服务器端需要执行三次椭圆曲线点乘和四次哈希操作。

如图 2-9 所示，由于 Tsai 提出协议[18]在认证与密钥协商阶段只采用了哈希函数和异或操作，其计算开销最小，性能最好。尽管 Tsai 提出的协议[18]有效降低了计算开销，但该协议存在一些安全问题，并不适用于 VoIP 应用环境。实验结果表明，本节提出的协议与 Arshad 和 Ikram 提出的协议[21]及 He 等提出的协议[22]相比计算开销相近，但本节提出的协议无须在 SIP 服务器端存储验证列表，避免了验证列表的维护开销。显然，本节提出的协议与 Arshad 和 Ikram 提出的协议[21]及 He 等提出的协议[22]相比更适用于 VoIP 应用环境。此外，本节提出的协议与 Yeh 等

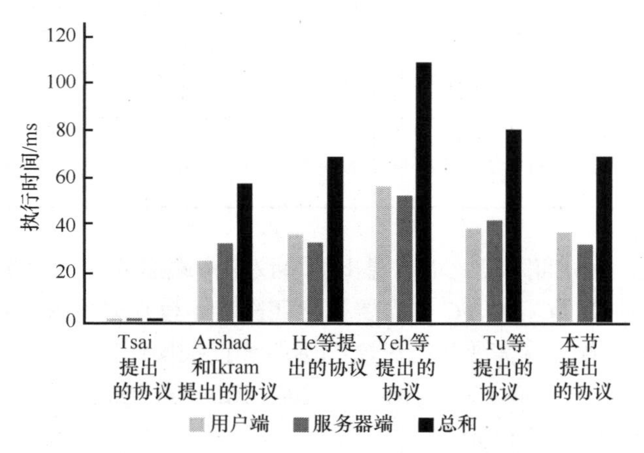

图 2-9　本节提出的协议与其他相关协议的计算执行时间对比图

提出的协议[27]及 Tu 等提出的协议[28]相比，通过减少椭圆曲线点乘计算的次数，有效降低了计算开销。

本节给出了一个基于椭圆曲线的轻量级认证与密钥协商协议，该协议无须执行预计算。在提出的协议中，采用用户口令和智能卡技术实现了用户与 SIP 服务器之间的相互认证和密钥协商。提出的协议不需要在 SIP 服务器端存储验证列表，从而避免了维护验证列表的开销。此外，提出的协议能有效抵抗重放攻击、假冒攻击、盗取验证列表攻击、中间人攻击、Denning-Sacco 攻击及有或无智能卡的离线词典攻击，还具备一系列的安全属性，如 SIP 服务器端无须存储验证列表、用户口令自由更新等。

2.3　基于生物特征的认证与密钥协商协议设计

本节提出一种基于生物特征的 SIP 认证与密钥协商协议。协议采用生物特征信息、用户口令、智能卡三种不同的要素在 SIP 认证协议的基础上构建基于对称加密机制的认证与密钥协商协议。为了在有效保护用户生物特征模板的情况下，实现智能卡对受保护的加密生物特征信息进行有效性验证，本节提出一种新的验证方法，具体设计如下。

2.3.1　基于生物特征的 SIP 认证与密钥协商协议设计

1. SIP 认证过程

首先回顾原始的 SIP 认证过程，并给出 SIP 认证与密钥协商协议应满足的安全需求。原始的 SIP 认证协议的安全性主要依赖于挑战应答机制。下面对原始的 SIP 认证过程进行具体描述。

步骤 1：用户发送 *REQUEST* 信息给 SIP 服务器。

步骤 2：SIP 服务器提交应答消息 *CHALLENGE* (*nonce*, *realm*)给用户，其中 *nonce* 由 SIP 服务器生成，*realm* 是报文摘要算法。

步骤 3：用户采用 *nonce*、*realm*、*username* 计算应答消息 *RESPONSE*=*h*(*nonce*, *realm*, *username*, *response*)，其中 *h*(·)是单项哈希函数。然后，用户将计算得到的 *RESPONSE* 信息发送给 SIP 服务器。

步骤 4：当 SIP 服务器接收到用户发送的 *RESPONSE* 消息后，SIP 服务器将根据用户名 *username* 提取用户的口令，并验证接收到的 *nonce* 的正确性。如果正确，SIP 服务器计算哈希值 *h*(*nonce*, *realm*, *username*, *response*)，并将计算结果与

接收到的 *RESPONSE* 值进行对比。如果比对成功，则 SIP 服务器实现对用户身份的有效认证。

原始的 SIP 认证协议不提供相互认证，也不支持完整性检验和机密性保护，因此，易于遭受恶意攻击者的各种有针对性攻击。此外，原始的 SIP 认证协议在 SIP 代理服务器端的计算量非常大，因此，需要对原始的 SIP 认证协议进行改进，使其满足 SIP 认证的安全和效率要求。

下面列出 SIP 认证与密钥协商协议需要满足的安全目标。

(1) 有效抵抗各种攻击：SIP 认证与密钥协商协议应有效抵抗重放攻击、中间人攻击、假冒攻击、Denning-Sacco 攻击、盗取验证列表攻击、内部攻击、口令泄露攻击、服务器欺骗攻击及离线词典攻击(有/无智能卡信息)。

(2) 提供安全特性：SIP 认证与密钥协商协议应提供相互认证、会话密钥协商、自由选择和更新用户口令功能、无须存储验证列表，以及具备会话密钥安全、完美前向安全和已知密钥安全特性。

(3) 隐私保护：SIP 认证与密钥协商协议需要提供生物特征模板保护及用户匿名，以保护用户隐私。

(4) 轻量级：SIP 认证与密钥协商协议在执行过程中应避免用户端和服务器端的耗时操作。

为了满足上述目标，学者提出了一系列的 SIP 认证与密钥协商协议，以寻找安全性和性能间的平衡点。从安全性角度出发，基于身份的认证与密钥协商协议和基于 PKC(public-key cryptography)的认证与密钥协商协议要优于其他方法所构建的认证与密钥协商协议。但是，这两类协议的计算量较大，无法满足效率的要求。从性能角度出发，基于哈希的认证与密钥协商协议可以有效降低计算开销，但是这类协议往往存在安全性漏洞，无法满足安全性需求。由于对称加密和解密操作计算开销较小，可以考虑采用对称加密和解密技术替代哈希操作来构建认证与密钥协商协议，以满足安全性和性能的需求。此外，由于每个人的生物特征都是唯一的，可以采用生物特征信息、用户口令及智能卡三因素来构建高效安全的 SIP 认证与密钥协商协议。

2. 协议设计思想

传统的生物特征认证过程如图 2-10 所示。当用户需要登录时，用户插入智能卡并进行生物特征扫描。扫描得到的原始生物数据将通过图像处理过程进行有效提取，从而获得有效的用户生物特征信息。然后，智能卡对存储在其内存中的用户生物特征模板与从用户扫描信息中获取的生物特征信息进行匹配，如果匹配值超过给定的阈值，智能卡将终止认证过程。如果匹配结果在阈值范围内，则用户通过了生物认证。

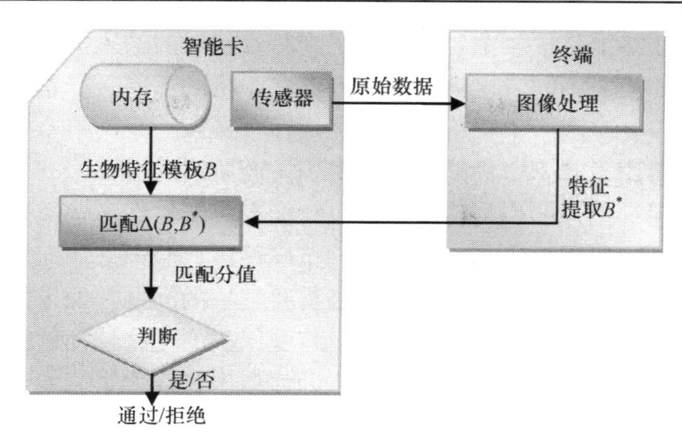

图 2-10　生物特征认证过程示意图

学者对上述问题进行了讨论，并提出了一些新的认证方法，在智能卡丢失的情况下对用户的生物特征模板进行保护。采用哈希生物特征进行认证的方法如图 2-11 所示。首先，对用户的生物特征模板进行哈希操作，并将智能卡中存储的用户生物特征模板替换成用户生物特征模板对应的哈希值。这样即使用户的智能卡丢失了，也不会泄露用户真实的生物特征信息。由于哈希操作是不可逆的单向操作，这意味着攻击者即使获取了生物特征信息的哈希值，也无法得到用户的生物特征值。

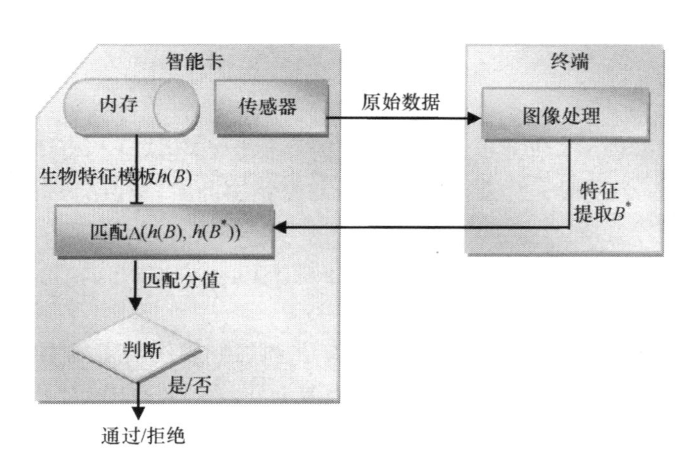

图 2-11　哈希生物特征信息认证过程示意图

图 2-11 的方法似乎可以解决上述问题，为用户存储在智能卡中的生物特征信息提供有效保护。然而，存储在智能卡中的生物特征哈希值并不能用来对扫描的生物特征信息进行匹配验证。在这种情况下，即使输入的生物特征信息是有效的，

也无法通过生物特征认证。主要原因在于当哈希函数的输入值存在微小差别时，将会造成输出的极大不同。也就是说输入存在1位的不同，哈希操作后得到的结果将有较大的差异。由于生物特征信息往往存在噪声，采用哈希方法来保护生物特征模板并不适用于基于生物的认证与密钥协商协议的设计。

为了有效保护用户的生物特征模板，智能卡应能够在不知道用户原始生物特征信息的情况下，对用户生物特征信息的正确性进行验证。如何对智能卡中存储的受保护的生物特征信息进行有效验证是首要解决的问题。如果能实现对受保护的生物特征信息进行有效性验证，则可以将受保护的生物特征信息存储在智能卡中，并实现生物特征的有效认证。这样，即使攻击者获取了智能卡，也不能窃取用户的生物特征信息。

首先，定义两个变量 B 和 B^* 分别代表生物特征模板和输入的生物数据。符号 Δ 代表匹配算法。如果函数 $F(\cdot)$，其私钥 k 满足下列要求，该函数的输出将不会影响匹配结果，则可采用该函数解决匹配问题。

(1) $\Delta(B, B^*)=\Delta(F_k(B), F_k(B^*))$。

(2) 已知 $F_k(B)$，在不知道 k 的情况下获取 B 是计算不可行的。

如果能够找到满足上述条件的函数，则智能卡可以对受保护的生物特征信息 $F_k(B)$ 和 $F_k(B^*)$ 的值进行匹配。采用异或操作作为函数 $F(\cdot)$，并生成高熵随机数作为私钥。由于汉明距离可以用于比较生物字串间的距离，异或操作将不会影响匹配结果。因此，即使智能卡丢失了或被盗了，也不会泄露用户的生物特征信息，从而实现了用户生物信息的有效保护。

3. 协议设计

基于上述思想，本节提出一种轻量级隐私保护 SIP 认证与密钥协商协议。提出的协议包含三个阶段，注册阶段、认证与密钥协商阶段和用户口令更新阶段。

1) 注册阶段

当用户 U 进行注册时，将与 SIP 服务器 S 共同完成如下操作。

步骤 R1：$U \rightarrow S$: $(ID, R, h(\cdot))$。

用户 U 自由选择其身份 ID、口令 PW，并通过虹膜扫描生成生物特征信息 B。然后，用户 U 选择一个安全的单向哈希函数 $h(\cdot)$: $\{0,1\}^* \rightarrow \{0,1\}^k$ 和一个高熵随机数 r，并计算 $EB=r \oplus B$、$R=PW \oplus EB \oplus ID$ 和 $SR=h(PW \oplus ID) \oplus r$。最后，用户 U 通过安全方式将 $\{ID, R, h(\cdot)\}$ 发送给 SIP 服务器 S。

步骤 R2：$S \rightarrow U$: 智能卡 (I, T, W)。

SIP 服务器 S 选择一个高熵随机数 s 作为它的私钥，用于对称加密和解密。然后，SIP 服务器 S 计算 $I=E_s(ID)$、$V=E_s(ID \oplus s)$ 和 $T=V \oplus R$，并采用密钥 V 加密 R，获取 $W=E_V(R)$。SIP 服务器 S 将 $(ID, h(\cdot))$ 记录在身份列表中，并将秘密信息 (I, T, W) 写到用

户 U 的智能卡内存中。最后，SIP 服务器 S 通过安全方式将智能卡发送给用户 U。

步骤 R3：当接收到智能卡后，用户 U 将秘密信息$(SR, EB, h(\cdot))$存储在智能卡中。最后，智能卡内存中存有秘密信息 $(I, T, W, SR, EB, h(\cdot))$。

2) 认证与密钥协商阶段

在认证与密钥协商阶段中，如图 2-12 所示，用户 U 和 SIP 服务器 S 执行如下操作。

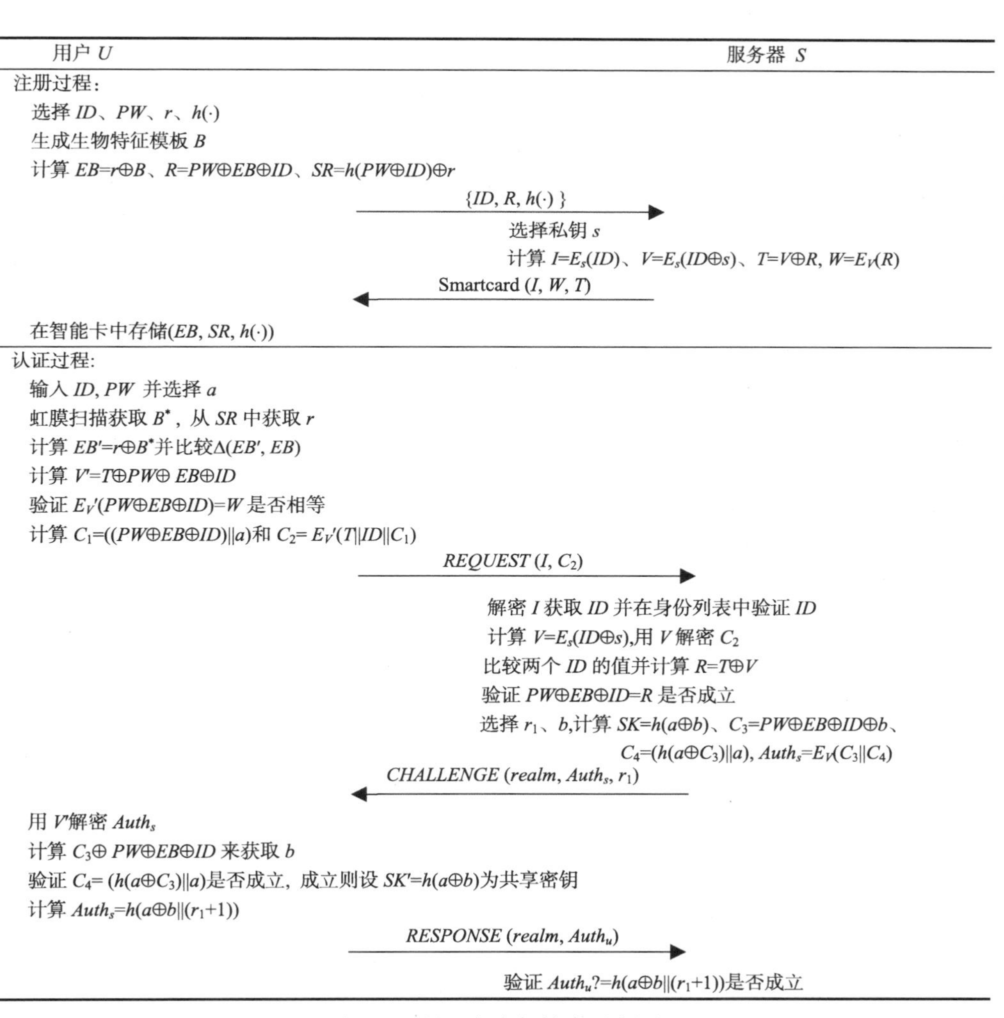

图 2-12　认证与密钥协商示意图

步骤 A1：$U \rightarrow S$: $REQUEST(I, C_2)$。

用户 U 将智能卡插入读卡器中，并输入他的身份信息 ID 和口令 PW，并通过

虹膜扫描生成有效的生物特征模板 B^*。然后，智能卡采用身份信息 ID、口令 PW 及存储在智能卡中的秘密信息 SR 提取高熵随机数 $r=SR\oplus h(PW\oplus ID)$。接下来，智能卡采用用户的随机数 r 和生物数据 B^*计算 $EB'=r\oplus B^*$。并将计算得到的 EB'与存储在智能卡中的秘密信息 EB 进行匹配。如果$\Delta(EB', EB)$的匹配值高于设定的阈值，智能卡将终止认证过程。如果$\Delta(EB', EB)$的匹配结果在阈值范围内，智能卡将采用存储在内存中的秘密信息(T, EB)和用户输入的信息(PW, ID)计算 $V'=T\oplus PW\oplus EB\oplus ID$。然后，智能卡验证等式 $E_{V'}(PW\oplus EB\oplus ID)?=W$ 是否成立。如果等式成立，SIP 服务器 S 选择一个高熵随机数 a，并计算 $C_1=((PW\oplus EB\oplus ID)\|a)$和 $C_2=E_{V'}(T\|ID\|C_1)$。最后，用户 U 通过公共信道向 SIP 服务器 S 提交请求信息 $REQUEST(I, C_2)$。

步骤 A2：$S\rightarrow U$:$CHALLENGE(realm, Auth_s, r_1)$。

当接收到用户 U 发送的 $REQUEST$ 请求信息后，SIP 服务器 S 采用它自己的私钥 s 解密信息 I，以得到用户的身份标识 ID。然后，SIP 服务器 S 根据身份列表，验证该身份标识 ID 的有效性。如果身份列表中没有该身份标识，SIP 服务器 S 将终止认证过程。如果该身份标识 ID 在身份列表中，则 SIP 服务器 S 使用该身份标识 ID 和它自己的私钥 s 计算密钥 $V=E_s(ID\oplus s)$。接下来，SIP 服务器 S 采用 V 解密接收到的信息 C_2，从而获取机密信息 T、C_1 和 ID。随后，SIP 服务器 S 对比从信息 I 中获取的身份标识 ID 和从信息 C_2 中得到的身份标识 ID。如果这两个身份标识 ID 不同，SIP 服务器 S 将终止认证与密钥协商过程。如果这两个身份标识 ID 相同，SIP 服务器 S 则采用机密信息 T 和计算得到的 V 计算 $R=T\oplus V$，并验证等式 $PW\oplus EB\oplus ID?=R$ 是否成立，其中 $PW\oplus EB\oplus ID$ 来自信息 C_1。如果上述等式不成立，协议将终止。如果上述等式成立，SIP 服务器 S 将选择两个随机数(b, r_1)，并根据身份列表采用对应的哈希函数 $h(\cdot)$计算共享会话密钥 $SK=h(a\oplus b)$，同时生成认证信息 $Auth_s=E_V(C_3\|C_4)$，其中 $C_3=PW\oplus EB\oplus ID\oplus b$ 且 $C_4=(h(a\oplus C_3)\|a)$。最后，SIP 服务器 S 发送挑战信息 $CHALLENGE(realm, Auth_s, r_1)$给用户 U。

步骤 A3：$U\rightarrow S$: $RESPONSE(realm, Auth_u)$。

当接收到挑战信息后，用户 U 采用 V'解密认证信息 $Auth_s$，从而获取 C_3 和 C_4。然后，智能卡采用获取的 C_3，输入信息(PW, ID)及存储在内存中的生物信息 EB，提取信息 $b=C_3\oplus PW\oplus EB\oplus ID$。随后，智能卡计算$(h(a\oplus C_3)\|a)$，并验证该值是否等于 C_4。如果不相等，用户 U 拒绝接收挑战信息并终止协议。否则，用户 U 计算共享会话密钥 $SK'=h(a\oplus b)$和认证消息 $Auth_s=h(a\oplus b\|(r_1+1))$。最后，用户 U 发送应答消息 $RESPONSE(realm, Auth_u)$ 给 SIP 服务器 S。

步骤 A4：接收到用户 U 发送的应答消息后，SIP 服务器 S 验证等式 $Auth_u=h(a\oplus b\|(r_1+1))$是否成立。如果该等式成立，SIP 服务器 S 将 $SK=h(a\oplus b)$设置为它与用户 U 之间的共享会话密钥。如果该等式不成立，SIP 服务器 S 拒绝接收应答消息，并终止认证与密钥协商过程。

3) 用户口令更新阶段

在用户口令更新阶段，用户 U 可以安全地更新口令 PW。口令更新过程无须 SIP 服务器 S 的参与，可由用户端独立完成。如图 2-13 所示，用户口令更新的详

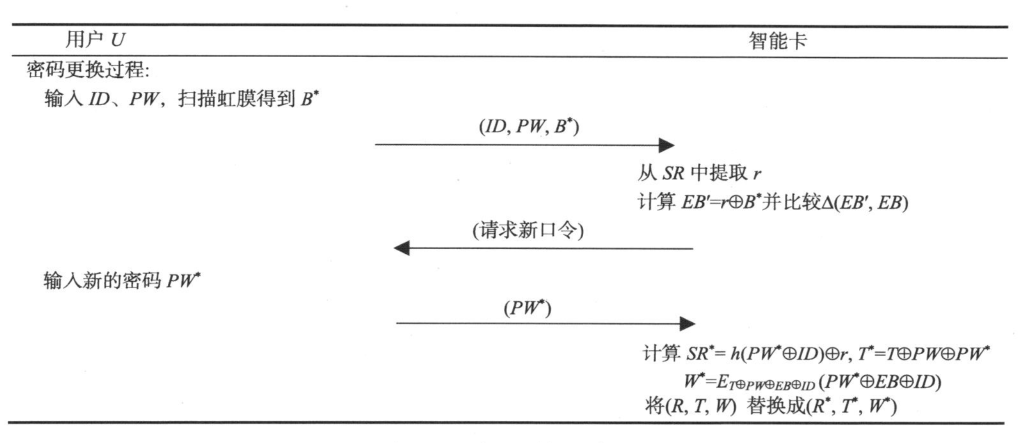

图 2-13　密码更新示意图

细过程描述如下。

步骤 P1：$U \rightarrow$ 智能卡(B^*, PW, ID)。

当用户 U 想要更新其口令时，首先需要在读卡器中插入智能卡，并进行扫描以生成生物特征模板 B^*。然后，用户 U 输入他的身份信息 ID、先前的口令 PW 并将上述信息(B^*, PW, ID) 发送给智能卡。

步骤 P2：智能卡 $\rightarrow U$ (请求新口令)。

当智能卡接收到所有信息后，它将采用用户输入的口令 PW 及用户的身份信息 ID 计算 $h(PW \oplus ID)$的值，然后，提取高熵随机数 $r=SR \oplus h(PW \oplus ID)$。接下来，智能卡采用提取的高熵随机数 r 和获取的生物特征模板 B^*计算 $EB'=r \oplus B^*$，并将计算值 EB'与存储在内存中的 EB 值进行对比。如果$\Delta(EB', EB)$的值超过了预先设置的阈值，智能卡将拒绝口令更新请求。否则，智能卡将发送消息 (请求新口令) 给用户 U。

步骤 P3：$U \rightarrow$ 智能卡(PW^*)。

当接收到智能卡发送的信息后，用户 U 输入新的口令 PW^*，并将输入的信息发送给智能卡。

步骤 P4：当智能卡接收到用户 U 的新口令 PW^*后，它分别计算新的 $SR^*=h(PW^* \oplus ID) \oplus r$、$T^*=T \oplus PW \oplus PW^*$和 $W^*=E_{T \oplus PW^* \oplus EB \oplus ID}(PW^* \oplus EB \oplus ID)$。最后，智能卡用$(R, T, W)$替换$(R^*, T^*, W^*)$。

4. 安全性分析

1) GNY 逻辑证明

GNY (gong needham yahalom) 逻辑[29]是 BAN (burrows abad needham)逻辑[30]的一种扩展形式。BAN 逻辑被广泛地用来对协议的完整性进行形式化分析。由于 GNY 逻辑已成功应用于认证、密钥协商协议的安全性分析，并在一些协议中找到了安全性漏洞及协议的冗余问题，本节将采用 GNY 逻辑分析提出的认证与密钥协商协议的安全性。提出的认证与密钥协商协议的安全性分析采用的计算模型是基于 GNY 的计算模型，该模型与 BAN 模型相类似。

首先，给出 GNY 逻辑中的公式和声明，然后设定提出的协议的目标和假设，最后给出采用 GNY 逻辑证明提出的协议的安全性过程的描述。

公式和声明。

(1) (X, Y)：连接公式 X 和 Y。

(2) $\{X\}_K$ 和 $\{X\}_K^{-1}$：采用密钥 K 对 X 进行对称加密和解密操作。

(3) $H(X)$：单向哈希函数。

(4) $*X$：X 非原始。

基本声明反映了 GNY 逻辑中公式的属性。

(1) $P \lhd X$：P 被告知公式 X。

(2) $P \ni X$：P 拥有公式 X。

(3) $P|\sim X$：P 曾经发送过公式 X。

(4) $P|\equiv \#(X)$：P 相信 X 是新鲜的。

(5) $P|\equiv \phi(X)$：P 相信 X 是可识别的。

(6) $P|\equiv P \stackrel{S}{\longleftrightarrow} Q$：$P$ 相信 S 是 P 和 Q 之间的合适的秘密。

(7) $P|\Rightarrow X$：P 有 X 权限。

(8) $P \lhd *X$：P 被告知 X，其中 X 在当前运行过程之前没有发送过。

协议描述及目标。

将提出的协议转换成如下形式 $P \rightarrow Q{:}(X)$，并对一些符号的变换进行如下说明。

(1) $U \rightarrow S$: $(\{ID\}_s, \{T \| ID \| C_1\}_V)$。

(2) $S \rightarrow U$: $(\{PW \oplus EB \oplus ID \oplus b \| (H(b \oplus a) \| a)\}_V, r_1)$。

(3) $U \rightarrow S$: $(H(a \oplus b \| (r_1 + 1)))$。

下面从三个方面给出协议应达到的目标。

(1) 信息内容认证。

目标 1：S 相信第一轮发送的消息是可识别的。

$$S|\equiv \phi(\{ID\}_s,\{T\|ID\|(PW\oplus EB\oplus ID)\|a)\}_V)$$

目标 2：U 相信认证信息 $Auth_s$ 在第二轮中是可识别的。

$$U|\equiv \phi(\{PW\oplus EB\oplus ID\oplus b\|(H(a\oplus b\oplus PW\oplus EB\oplus ID)\|a)\}_V)$$

目标 3：S 相信第三轮发送的消息是可识别的。

$$S|\equiv \phi(H(a\oplus b\|(r_1+1)))$$

(2) 信息源认证。

目标 4: U 相信 S 在第二轮中发送的消息。

$$U|\equiv S|\sim(\{PW\oplus EB\oplus ID\oplus b\|(H(a\oplus b\oplus PW\oplus EB\oplus ID)\|a)\}_V)$$

目标 5: S 相信 U 在第三轮中发送的消息。

$$S|\equiv U|\sim(H(a\oplus b\|(r_1+1)))$$

(3) 会话密钥原料建立。

目标 6：U 相信 S 相信 $a\oplus b$ 是 U 和 S 之间合适的共享秘密。

$$U|\equiv S|\equiv U\xleftrightarrow{a\oplus b}S$$

目标 7：U 相信 $a\oplus b$ 是 U 和 S 之间的共享秘密。

$$U|\equiv U\xleftrightarrow{a\oplus b}S$$

目标 8：S 相信 U 拥有 $a\oplus b$。

$$S|\equiv U\ni a\oplus b$$

目标 9：S 相信 U，相信 $a\oplus b$ 是 U 和 S 之间的共享秘密。

$$S|\equiv U|\equiv U\xleftrightarrow{a\oplus b}S$$

假设列表。

假设(1) 由于密钥 s、随机数 r_1 和 b 是由 S 生成的，可以假设 S 拥有 s、r_1 和 b。此外，S 认为 r_1 和 b 是新鲜的。

$$S\ni s, S\ni r_1, S|\equiv \#(r_1), S\ni b, S|\equiv \#(b)$$

假设(2) 在协议中，随机数 a 是由 U 生成的，因此 U 拥有 a 并相信 a 是新鲜的。又因为 EB 和 T 是存储在智能卡内存中的，且用户 U 拥有智能卡，并知道口令 PW 和身份信息 ID，所以用户拥有 EB、T、PW 和 ID。

$$U\ni a, U|\equiv \#(a), U\ni EB, U\ni PW, U\ni T, U\ni ID$$

假设(3) 由于 $a\oplus b$ 是由来自 U 和 S 独立选择的两个高熵随机数构成的，可以假设 S 相信 $a\oplus b$ 是它和 U 之间合适的共享秘密。

$$S|\equiv S\xleftrightarrow{a\oplus b}U$$

假设(4) 由于 V 是 S 生成的秘密，并被 R 保护后存储在智能卡内存中，可以假设用户 U 相信 V 是它与 S 之间合适的共享秘密。

$$U|\equiv U\xleftrightarrow{V}S$$

假设(5) U 相信服务器 S 是授权方，生成了 U 和 S 之间的共享会话密钥原料 $a\oplus b$。

$$U|\equiv S|\Rightarrow U\xleftrightarrow{a\oplus b}S$$

下面给出 GNY 逻辑证明过程①。

第一轮：

$$\frac{S<\{ID\}_s, S<\{T\|ID\|C_1\}_V}{S\ni\{ID\}_s, S\ni\{T\|ID\|C_1\}_V} \tag{2.1}$$

根据 $P1$, S 拥有 $\{ID\}_s$ 和 $\{T\|ID\|C_1\}_V$。

$$\frac{S\ni\{ID\}_s, S\ni s}{S\ni ID, S\ni ID\oplus s} \tag{2.2}$$

根据 $P6$、$P2$，式(2.1)及假设(1)；如果 S 拥有 $\{ID\}_s$ 和密钥 s，那么 S 就拥有解密值 ID 和计算值 $ID\oplus s$。

$$\frac{S\ni ID\oplus s, S\ni s}{S\ni\{ID\oplus s\}_s} \tag{2.3}$$

根据 $P6$、$P2$，式(2.1)及假设(1)，如果 S 拥有 $\{ID\}_s$ 和密钥 s，那么 S 就拥有解密值 ID 和计算值 $ID\oplus s$。

$$\frac{S\ni ID\oplus s, S\ni s}{S\ni\{ID\oplus s\}_s} \tag{2.3}$$

根据 $P6$，式(2.2)及假设(1)，如果 S 拥有 $ID\oplus s$ 和密钥 s，那么 S 拥有解密值 $\{ID\oplus s\}_s$ 也就是 V。

$$\frac{S\ni\{T\|ID\|C_1\}_V, S\ni V}{S\ni(T\|ID\|C_1), S\ni H(T\|ID\|C_1)} \tag{2.4}$$

根据 $P6$、$P4$ 及式(2.1)、式(2.3)，如果 S 拥有 $\{T\|ID\|C_1\}_V$ 和密钥 V，那么 S 拥有解密值 $(T\|ID\|C_1)$ 和其单项哈希值 $H(T\|ID\|C_1)$。

$$\frac{S\ni H(T\|ID\|C_1)}{S|\equiv\phi(T\|ID\|C_1)} \tag{2.5}$$

① 本书将采用 GNY 逻辑对提出的协议进行安全性分析，其中 $P1$，$P3$，$P4$，$P6$，$R1$，R3，R5，R6，$F1$，$F2$，$I1$，$I3$，$I6$，$I7$，$J1$，$J2$ 表示 GNY 逻辑假设的索引。文献[29]中给出了 GNY 逻辑中所有逻辑假设及其解释的完整列表。全书同。

根据 $R6$ 及式(2.4)，如果 S 拥有 $H(T\|ID\|C_1)$，那么 S 相信$(T\|ID\|C_1)$是可识别的。

$$\frac{S|\equiv\phi(T\|ID\|C_1),S\ni V}{S|\equiv\phi(\{T\|ID\|C_1\}_V),S|\equiv\phi(\{ID\}_s,\{T\|ID\|C_1\}_V)} \tag{2.6}$$

根据 $R1$ 和 $R2$，式(2.3)和(2.5)，如果 S 相信$(T\|ID\|C_1)$是可识别的且 S 拥有密钥 V，那么 S 相信 V 为加密密钥的加密信息$(T\|ID\|C_1)$是可识别的，且含有$\{T\|ID\|C_1\}_V$ 的$(\{ID\}_s,\{T\|ID\|C_1\}_V)$也是可识别的。因此，根据式(2.6)，$S$ 在第一轮中可以识别信息$(\{ID\}_s,\{T\|ID\|C_1\}_V)$。　(目标 1)

第二轮：

$$\frac{U\ni a}{U\ni H(a),U|\equiv\phi(a)} \tag{2.7}$$

根据 $P4$、$R6$ 和假设(2)，如果 U 拥有 a，那么 U 拥有 $H(a)$且相信 a 是可识别的。

$$\frac{U|\equiv\phi(a)}{U|\equiv\phi(PW\oplus EB\oplus ID\oplus b\|(H(a\oplus b\oplus PW\oplus EB\oplus ID)\|a))} \tag{2.8}$$

根据 $R1$ 和式(2.7)，如果 U 相信 a 是可识别的，那么 U 相信含有 a 的$(PW\oplus EB\oplus ID\oplus b\|(H(a\oplus b\oplus PW\oplus EB\oplus ID)\|a))$也是可识别的。也就是说 U 相信公式$(C_3\|C_4)$是可识别的。

$$\frac{U\ni PW,U\ni EB,U\ni ID,U\ni T}{U\ni PW\oplus EB\oplus ID\oplus T} \tag{2.9}$$

根据 $P2$ 和假设(2)，如果 U 拥有 PW、EB、ID 和 T，那么 U 拥有 $U\ni PW\oplus EB\oplus ID\oplus T$，也就是 V。

$$\frac{U|\equiv\phi(PW\oplus EB\oplus ID\oplus b\|(H(a\oplus b\oplus PW\oplus EB\oplus ID)\|a)),U\ni V}{U|\equiv\phi(\{PW\oplus EB\oplus ID\oplus b\|(H(a\oplus b\oplus PW\oplus EB\oplus ID)\|a)\}_V),U|\equiv\phi(\{C_3\|C_4\}_V)} \tag{2.10}$$

根据 $R2$ 和式(2.8)、式(2.9)，如果 U 相信$(PW\oplus EB\oplus ID\oplus b\|(H(a\oplus b\oplus PW\oplus EB\oplus ID)\|a))$是可识别的且 U 拥有密钥 V，那么 U 相信加密值$\{PW\oplus EB\oplus ID\oplus b\|(H(a\oplus b\oplus PW\oplus EB\oplus ID)\|a)\}_V$ 是可识别的。因此，根据式(2.10)，U 可以在第二轮中识别信息$\{C_3\|C_4\}_V$也就是认证信息 $Auth_S$。　(目标 2)

$$\frac{U|\equiv\#(a),U\ni V}{U|\equiv\#(PW\oplus EB\oplus ID\oplus b\|(H(a\oplus b\oplus PW\oplus EB\oplus ID)\|a)),U|\equiv\#(\{C_3\|C_4\}_V)} \tag{2.11}$$

根据 $F1$、$F2$ 和假设(2)，如果 U 相信 a 是新鲜的，那么 U 相信含有 a 的$(PW\oplus EB\oplus ID\oplus b\|(H(a\oplus b\oplus PW\oplus EB\oplus ID)\|a))$是新鲜的。也就是说 U 相信$(C_3\|C_4)$是新鲜的。因为通过式(2.9)可知 U 拥有密钥 V，U 相信$\{C_3\|C_4\}_V$是新的。

$$\frac{U<*\{C_3\|C_4\}_V,U\ni V,U|\equiv U\overset{V}{\leftrightarrow}S,U|\equiv\phi(C_3\|C_4),U|\equiv\#(C_3\|C_4)}{U|\equiv S|\sim\{C_3\|C_4\}_V,U|\equiv S\ni V} \tag{2.12}$$

根据 $I1$，如果满足下列所有要求，那么 U 相信 S 曾经发送过 $\{C_3\|C_4\}_V$，且 U 相信 S 拥有 V。①U 接收到了采用密钥 V 加密$(C_3\|C_4)$的消息，并且该消息带有非原始记号；②从式(2.9)可知 U 拥有 V；③通过假设(4)，U 相信 V 是它和 S 之间合适的共享机密信息；④从式(2.8)可知 U 相信公式$(C_3\|C_4)$是可识别的；⑤从式(2.11)可知 U 相信$(C_3\|C_4)$是新的。 (目标 4)

根据 GNY 逻辑，假设 $U|\equiv S|\Rightarrow S|\equiv *$，即 U 相信 S 是诚实的、完整的，则可推导出如下声明：

$$\frac{U|\equiv S|\Rightarrow S|\equiv *, U|\equiv S|\sim(\{C_3\|C_4\}_V \leadsto S|\equiv U\xleftrightarrow{a\oplus b}S), U|\equiv \#(\{C_3\|C_4\}_V)}{U|\equiv S|\equiv U\xleftrightarrow{a\oplus b}S} \tag{2.13}$$

根据 $J2$，如果 U 相信 S 是诚实的、完整的，且从式(2.12)可知 U 收到它认为是 S 发送的消息 $(\{C_3\|C_4\}_V \leadsto S|\equiv U\xleftrightarrow{a\oplus b}S)$，那么 U 相信 S 相信 $U\xleftrightarrow{a\oplus b}S$。根据式(2.13)，$U$ 相信 S 相信 $a\oplus b$ 是 U 和 S 之间合适的共享秘密。 (目标 6)

$$\frac{U|\equiv S|\Rightarrow U\xleftrightarrow{a\oplus b}S, U|\equiv S|\equiv U\xleftrightarrow{a\oplus b}S}{U|\equiv U\xleftrightarrow{a\oplus b}S} \tag{2.14}$$

根据 $J1$ 和假设(5)，如果 U 相信 S 授权声明 $U\xleftrightarrow{a\oplus b}S$，且通过式(2.13)$S$ 相信 $U\xleftrightarrow{a\oplus b}S$，那么 U 相信 $U\xleftrightarrow{a\oplus b}S$。根据式(2.14)，$U$ 相信 $a\oplus b$ 是 U 和 S 之间合适的共享秘密。 (目标 7)

第三轮：

$$\frac{S\ni r_1}{S\ni H(r_1), S|\equiv\phi(r_1), S|\equiv\phi(a\oplus b\|(r_1+1))} \tag{2.15}$$

根据 $P4$、$R6$、$R1$ 和假设(1)，如果 S 拥有 r_1，S 拥有 $H(r_1)$，且 S 相信 r_1 和 (r_1+1) 是可识别的，那么 S 相信含有(r_1+1)的$(a\oplus b\|(r_1+1))$也是可以识别的。

$$\frac{S\ni(T\|ID\|C_1), S\ni b, S\ni r_1}{S\ni C_1, S\ni a, S\ni a\oplus b, S\ni r_1+1, S\ni(a\oplus b\|(r_1+1))} \tag{2.16}$$

根据 $P3$ 和式(2.4)，如果 S 拥有$(T\|ID\|C_1)$，那么 S 拥有 C_1 和 a。根据 $P2$ 和假设(1)，如果 S 拥有 a、b 和 r_1，那么 S 拥有 $a\oplus b$、r_1+1 和$(a\oplus b\|(r_1+1))$。

$$\frac{S|\equiv\phi(a\oplus b\|(r_1+1)), S\ni(a\oplus b\|(r_1+1))}{S|\equiv\phi(H(a\oplus b\|(r_1+1)))} \tag{2.17}$$

根据 $R5$ 和式(2.15)、式(2.16)，如果 S 相信$(a\oplus b\|(r_1+1))$是可以识别的且 S 拥有$(a\oplus b\|(r_1+1))$，那么 S 相信公式 $H(a\oplus b\|(r_1+1))$是可以识别的。根据式(2.17)，S 相信在第三轮中的信息 $H(a\oplus b\|(r_1+1))$是可以识别的。 (目标 3)

$$\frac{S|\equiv\#(r_1)}{S\ni|\equiv\#(r_1+1)} \tag{2.18}$$

根据 $F1$ 和假设(1)，如果 r_1 是新鲜的，那么 S 相信(r_1+1)是新的。

$$\frac{S\lhd *H((r_1+1),<a\oplus b>),S\ni((r_1+1),<a\oplus b>)),S|\equiv S\xleftrightarrow{a\oplus b}U,S|\equiv\#(r_1+1)}{S|\equiv U|\sim((r_1+1),<a\oplus b>),S|\equiv U|\sim H((r_1+1),<a\oplus b>)} \tag{2.19}$$

根据 $I3$，如果满足如下所有条件，那么 S 相信 U 曾经发送过$((r_1+1), <a\oplus b>)$和 $H((r_1+1), <a\oplus b>)$。①S 接收到的公式含有(r_1+1)的单向哈希值和 $a\oplus b$，且标识有非原始记号；②根据式(2.16)，S 拥有(r_1+1)和 $a\oplus b$；③根据假设(3)，S 相信 $a\oplus b$ 是其和 U 之间合适的共享秘密；④根据式(2.18)S 相信(r_1+1)是新鲜的。根据式 (2.19)，S 提出的协议第三轮中的信息 $Auth_s$ 是来自 U 的。　　(目标 5)

$$\frac{S|\equiv U|\sim((r_1+1),<a\oplus b>)}{S|\equiv U|\sim(a\oplus b)} \tag{2.20}$$

根据 $I7$ 和式(2.19)，如果 S 相信 U 曾经发送过信息$((r_1+1), <a\oplus b>)$，那么 S 相信 U 曾经发送过 $a\oplus b$。

$$\frac{S|\equiv\#(b)}{S|\equiv\#(a\oplus b)} \tag{2.21}$$

根据 $F1$ 和假设(1)，如果 S 相信 b 是新的，那么 S 相信 $a\oplus b$ 是新的。

$$\frac{S|\equiv U|\sim a\oplus b,S|\equiv\#(a\oplus b)}{S|\equiv U\ni a\oplus b} \tag{2.22}$$

根据 $I6$ 和式(2.20)、式(2.21)，如果 S 相信 U 曾经发送过 $a\oplus b$，并认为 $a\oplus b$ 是新的，那么 S 相信 U 拥有 $a\oplus b$。根据式(2.22)，S 相信 U 拥有 $a\oplus b$。　　(目标 8)

根据 GNY 逻辑，假设 $U|\equiv S|\Rightarrow S|\equiv *$，即 S 相信 U 是可信的、完整的，则可以推导出如下声明：

$$\frac{S|\equiv U|\Rightarrow U|\equiv *,S|\equiv U|\sim(H(a\oplus b\|(r_1+1)))\sim>U|\equiv U\xleftrightarrow{a\oplus b}S),S|\equiv\#(H(a\oplus b\|(r_1+1)))}{S|\equiv U|\equiv U\xleftrightarrow{a\oplus b}S} \tag{2.23}$$

根据 $J2$ 和式(2.19)，如果 S 相信 U 是诚实的、完整的，那么 S 相信它收到的消息 $H(a\oplus b\|(r_1+1))\sim>U|\equiv U\xleftrightarrow{a\oplus b}S$ 是来自 U 的，则 S 相信 U 相信 $U\xleftrightarrow{a\oplus b}S$。根据式(2.23)，可推出 S 相信 $a\oplus b$ 是 U 和 S 之间的共享秘密。　　(目标 9)

2) 各类攻击分析

本节将通过讨论可能的攻击来分析提出的协议的安全性。

(1) 提出的协议可以有效抵抗重放攻击。假设攻击者 Bob 截获了步骤 A1 中，用户 U 先前发送的 $REQUEST\,(I, C_2)$信息，并将该信息重新发送给 SIP 服务器 S，试图假冒用户 U。然而，在提出的协议中，当 SIP 服务器 S 在步骤 A3 中，验证认证信息 $Auth_u$ 时将会发现攻击者实施的重放攻击。为了构造一个有效的认证信息，攻击者 Bob 需要利用他截获的信息 C_2 和认证信息 $Auth_s$ 来正确猜测高熵随机数 a 和 b。但是，攻击者 Bob 不知道 T，也不知道用户 U 的私有信息(PW, EB, ID)，或者是 SIP 服务器 S 的私钥 s。因此，攻击者 Bob 无法计算出有效的 V 来解密 C_2 和 $Auth_s$，以获取 a 和 b。

另外，假设攻击者 Bob 在步骤 A2 中截获了 SIP 服务器 S 先前发送的挑战信息 $CHALLENGE(realm, Auth_s, r_1)$ 并将该信息转发给用户 U。当用户 U 验证等式 $C_4=(h(a\oplus C_3)\|a)$是否成立时，将会发现攻击者发起的重放攻击。由于 a 和 b 是由用户 U 和 SIP 服务器 S 分别在每次会话过程中独立生成的高熵随机数。因此，攻击者不能通过用户 U 在步骤 A3 中的认证。在这种情况下，没有 *RESPONSE* 信息返回给攻击者 Bob。那么，攻击者 Bob 就不能通过重复使用先前的信息来假冒用户 U 或 SIP 服务器 S 来欺骗通信对方。因此，提出的协议可以有效抵抗重放攻击。

(2) 提出的协议可以有效抵抗中间人攻击。在提出的协议中，用户 U 和 SIP 服务器 S 仅仅在相互认证后生成共享会话密钥 SK。攻击者 Bob 不能假冒用户 U 与 SIP 服务器 S 建立单独的连接并共享一个会话密钥，除非攻击者 Bob 能通过 SIP 服务器 S 的认证过程。然而，在不知道用户 U 的口令 PW、身份信息 ID 及秘密信息 T 或 SIP 服务器 S 的私钥 s 的情况下，攻击者 Bob 不能通过 SIP 服务器 S 的认证。另外，攻击者 Bob 也不能假冒 SIP 服务器 S 与用户 U 建立一个单独的连接并共享一个会话密钥，这是因为攻击者 Bob 不能正确地猜测高熵随机数 a 和秘密信息(V, R)，也就不能构造一个有效的认证信息 $Auth_s$ 来通过验证。

因此，攻击者 Bob 既不能与 SIP 服务器 S 建立一个独立的连接并使其相信他是与用户 U 建立了连接并共享了会话密钥，也不能与用户 U 建立一个独立的连接并使其相信它是与 SIP 服务器 S 建立了连接并共享了会话密钥。上述分析表明提出的协议可以有效抵抗中间人攻击。

(3) 提出的协议可以有效抵抗假冒攻击。为了假冒用户 U，攻击者 Bob 修改了 *REQUEST* 信息，并将篡改后的信息(I', C_2')发送给 SIP 服务器 S。然而，攻击者 Bob 不知道 SIP 服务器 S 的私钥 s，因此无法构造合法的 I'。那么 SIP 服务器 S 在身份列表中验证用户身份信息 ID 时，将会发现攻击者的假冒攻击。即使攻击者 Bob 通过了身份信息 ID 的验证，SIP 服务器 S 仍然可以通过比较 I'中的用户身份 ID 值和 C_2'中的用户身份 ID 值来发现攻击者实施的假冒攻击。此外，由于不知道 SIP 服务器 S 的私钥 s 或用户的私有信息(PW, EB, ID, T)，攻击者 Bob 不能构造一个合适的 C_2'来使验证等式 $PW\oplus EB\oplus ID=R$ 是否成立。因此，攻击者 Bob 不能通

过伪造 *REQUEST* 信息来假冒用户 U。

假设攻击者伪造了一个应答信息 $CHALLENGE(realm, Auth_s', r_1')$发送给用户 U,来假冒 SIP 服务器 S。然而,没有 SIP 服务器 S 的私钥 s 或用户的私有信息(PW, EB, ID, T),攻击者 Bob 无法构造一个有效的对称密钥 V 及认证信息 C_3 和 C_4 以生成有效的 $Auth_s'$,来通过用户 U 的认证。当用户 U 验证等式 $C_4=(h(a\oplus C_3)||a)$是否相等时,将会发现该假冒攻击。因此,攻击者 Bob 不能通过伪造挑战信息来假冒 SIP 服务器 S。

假设攻击者伪造了应答信息 $RESPONSE(realm, Auth_u')$,并假冒用户 U 发送该伪造信息给 SIP 服务器 S。由于攻击者 Bob 不能正确地猜测高熵随机数 a 和 b,当 SIP 服务器 S 验证 $Auth_u'$是否等于 $h(a\oplus b||(r_1+1))$时将会发现攻击者实施的假冒攻击。因此,在提出的协议中,攻击者 Bob 不能有效地实施假冒攻击。

(4) 提出的协议可以有效抵抗 Denning-Sacco 攻击。假设攻击者 Bob 获取了先前的共享会话密钥 SK。但攻击者 Bob 并不能从获取的旧会话密钥 SK 中得到用户 U 的口令 PW,这是因为共享会话密钥是由两个无关联的高熵随机数构成的,这两个随机数分别由用户 U 和 SIP 服务器 S 独立生成,与用户的口令 PW 或者 SIP 服务器的私钥 s 没有关联。因此,即使攻击者 Bob 获得了旧的会话密钥 SK,他也不能根据获得的旧会话密钥 SK 计算出用户 U 的口令 PW 或 SIP 服务器的私钥 s。此外,在每次会话过程中生成的唯一的新的会话密钥是由来自用户 U 独立生成的高熵随机数 a 及来自 SIP 服务器 S 独立生成的高熵随机数 b 共同构成的。因此,即使攻击者 Bob 获取了旧的会话密钥,他也无法计算出其他的会话密钥,因为任一会话密钥 $SK=h(a\oplus b)$都与其他的会话密钥没有关联。因此,提出的协议可以有效抵抗 Denning-Sacco 攻击。

(5) 提出的协议可以有效抵抗盗取验证列表攻击。在提出的协议中,SIP 服务器端无须存储口令列表或验证列表。因此,攻击者 Bob 不能通过盗取 SIP 服务器端口令列表或验证列表来获取有价值的信息,并在认证过程中假冒用户 U 来欺骗 SIP 服务器 S。因此,提出的协议能有效抵抗盗取验证列表攻击。

(6) 提出的协议可以有效抵抗无智能卡的离线词典攻击。假设攻击者 Bob 截获了用户 U 与 SIP 服务器 S 间传输的所有信息,并试图利用截获的信息实施离线的词典攻击。但是,用户 U 的口令信息 PW 由对称算法、用户 U 的身份标识信息 ID、生物特征模板 B 及高熵随机数 r 保护。因此,在不知道对称密钥 V 及用户 U 的私有信息 (ID, B, r)的情况下,攻击者 Bob 不能确定他所猜测的口令是否正确。此外,当攻击者 Bob 试图从认证信息 $Auth_s$ 中提取用户 U 的口令 PW 时,他需要解密认证信息 $Auth_s$ 并正确地猜测出随机数 b、用户 U 的身份标识信息 ID、生物特征模板 B 和高熵随机数 r。因此,提出的协议能有效抵抗无智能卡的离线词典攻击。

(7) 提出的协议可以有效抵抗有智能卡的离线词典攻击。假设攻击者 Bob 获取了用户 U 存储在智能卡中的秘密信息(EB、SR、T、I、W)并截获了用户 U 与 SIP 服务器 S 间传输的所有信息。然后，攻击者 Bob 实施离线的词典攻击，试图正确猜测出用户 U 的口令 PW。与无智能卡的离线词典攻击相比，有智能卡的离线词典攻击拥有的额外信息是存储在智能卡中的机密信息(EB、SR、T、I、W)。但是，这些额外的机密信息并不能增加攻击者 Bob 正确猜测用户 U 的口令 PW 的概率，这是因为攻击者 Bob 既不知道用户 U 的生物特征模板 B、身份标识信息 ID、高熵随机数 r，也不知道 SIP 服务器 S 的私钥 s。因此，提出的协议能有效抵抗有智能卡的离线词典攻击。

(8) 提出的协议可以有效抵抗内部攻击。在提出的协议中，生物认证过程可以有效抵抗内部攻击。此外，由于 SIP 服务器 S 端无须存储口令列表或验证列表，SIP 服务器端特权用户不能通过偷盗 SIP 服务器 S 端的口令列表或验证列表来访问其他服务器。因此，提出的协议能有效抵抗内部攻击。

(9) 提出的协议可以有效抵抗口令泄露攻击。在提出的协议中，在用户注册阶段，用户 U 发送信息 $R=PW\oplus EB\oplus ID$，而不是发送用户自己的口令信息 PW 给 SIP 服务器 S。由于用户 U 的口令 PW 由用户 U 的生物特征模板 B、用户的身份标识信息 ID 及高熵随机数 r 保护起来，SIP 服务器 S 不能在用户注册阶段获取用户 U 的口令信息 PW。因此，提出的协议可以有效地抵抗口令泄露攻击。

(10) 提出的协议可以有效抵抗会话密钥安全。在提出的协议中，只有用户 U 和 SIP 服务器 S 知道共享会话密钥 $SK=(a\oplus b)$，这是因为在整个认证与密钥协商过程中高熵随机数 a 和 b 由对称加密算法进行保护。高熵随机数 b 还由用户 U 的口令 PW、身份标识信息 ID、生物特征模板 B 及秘密随机数 r 进行保护。此外，在步骤 A2 中，$(a\oplus b \oplus PW\oplus EB\oplus ID)$的哈希与 a 和 C_3 连接在一起，再由对称加密算法保护起来。在步骤 A3 中，会话密钥原料$(a\oplus b)$连同(r_1+1)由哈希函数保护起来。所以，用户 U 和 SIP 服务器 S 以外的所有人都不知道共享会话密钥 $SK=(a\oplus b)$。因此，提出的协议具备会话密钥安全。

(11) 提出的协议可以有效抵抗已知密钥安全。在提出的协议中，共享会话密钥 $SK=(a\oplus b)$是每次会话过程中由用户 U 独立生成的高熵随机数 a 及 SIP 服务器 S 独立生成的高熵随机数 b 构造而成的。由于用户 U 和 SIP 服务器 S 分别独立生成了高熵随机数 a 和 b，会话密钥 SK 在每一轮认证过程中都是唯一的。因此，提出的协议具备已知密钥安全。

(12) 提出的协议可以有效抵抗完美前向安全。在提出的协议中，用户的长期私钥为用户 U 的口令 PW。假设攻击者 Bob 获取了用户 U 的口令 PW，为了得到先前的会话密钥，攻击者 Bob 需要从 C_2 中提取高熵随机数 a，并从认证信息 $Auth_s$ 中获取高熵随机数 b 或者直接从 $Auth_s$ 或 $Auth_u$ 中提取$(a\oplus b)$。然而，不知道对称

密钥 V，攻击者 Bob 就无法从截获的信息 C_2 中得到高熵随机数 a。在不知道对称密钥 V 和用户 U 的私有信息(EB, ID)的情况下，攻击者 Bob 也不能从认证信息 $Auth_s$ 中获取高熵随机数 b。同理，攻击者 Bob 也不能从认证信息 $Auth_s$ 或 $Auth_u$ 中获取$(a\oplus b)$，这是因为$(a\oplus b)$由哈希函数保护。即使攻击者 Bob 获取了先前的会话密钥原料$(a\oplus b)$，他也无法计算出先前的共享会话密钥 SK，因为他不知道哈希函数 $h(\cdot)$。因此，即使攻击者获取了用户的口令信息 PW，也不会增加攻击者获取先前会话密钥的优势。另一方面，假设攻击者 Bob 获取了 SIP 服务器 S 的长期私钥 s。在这种情况下，由于不知道哈希函数 $h(\cdot)$，攻击者 Bob 仍然无法计算出先前的共享会话密钥。因此，提出的协议具备完美前向安全。

(13) 提出的协议可以有效抵抗相互认证。在提出的协议中，SIP 服务器 S 和用户 U 可以通过验证 $Auth_u$ 和 $Auth_s$，实现相互认证。因此，提出的协议能提供相互认证功能。

(14) 提出的协议可以有效抵抗安全选择和更新用户口令。在提出的协议中，合法用户在注册阶段可以自由选择他喜欢的口令，用户自行选择口令易于用户记忆。提出的协议还提供口令更新功能，使用户可以自由地更新口令。而且用户口令更新过程不需要 SIP 服务器的参与。此外，即使用户 U 的智能卡丢失了，在不知道用户私有信息(B^*, PW, ID)的情况下，其他用户将不能改变或更新用户 U 的口令。

(15) 提出的协议可以有效抵抗用户匿名。提出的协议可以提供用户匿名。在认证阶段，用户的真实身份信息由安全的对称加密算法保护。因此，即使攻击者获取了存储在智能卡中的秘密信息并截获了用户 U 和 SIP 服务器 S 之间发送的所有消息，他也无法获取用户的真实身份。因为攻击者在不知道用户 U 的口令 PW、生物特征模板 B、秘密随机数 r 和秘密 T 或 SIP 服务器的私钥 s 的情况下，将无法获取用户 U 的真实身份。因此，提出的协议在认证与密钥协商过程中对用户真实身份进行了有效保护。

(16) 提出的协议可以有效抵抗生物隐私保护。在提出的协议中，用户的生物特征模板由高熵随机数 r 保护，r 又由用户口令 PW 和身份标识 ID 保护。因此，即使攻击者获取了智能卡，在不知道用户真实身份信息和口令信息 PW 的情况下，他也不能获取用户的生物特征模板。此外，可采用 $SR=\varepsilon_B(r)$ 取代 $SR=h(PW\oplus ID)\oplus r$ 值，其中 $\varepsilon(\cdot)$ 表示加密函数，加密密钥为生物特征模板 B，以增强对秘密随机数 r 的保护。在这种情况下，即使攻击者获取了用户的口令 PW、身份标识信息 ID 及智能卡，在不知道用户生物特征模板的情况下他无法获取用户的生物特征信息，从而实现了对用户生物信息的有效保护。

5. 性能分析

本节将对提出的协议进行性能评估，并给出提出的协议与相关协议[18, 21-23, 27]在性能和安全性方面的对比。在提出的协议中，SIP 服务器端无须存储口令列表或验证列表，因此，提出的协议能有效地抵抗盗取验证列表攻击和内部攻击。存储在智能卡中的生物特征信息受到高熵随机数的保护，同时智能卡仍然可以通过执行匹配算法来验证用户的生物特征信息。因此，即使用户的智能卡丢失或被盗了，攻击者也无法获取用户的生物特征信息。此外，在认证过程中，用户的身份信息是以密文方式进行传输的，也就意味着即使攻击者获取了用户与 SIP 服务器之间的所有的通信信息，仍然无法获取用户的真实身份。根据表 2-9，相关协议[18, 21-23, 27]无法提供一些必要的安全特征，如无须验证列表、用户匿名及有效安全的用户口令更新等，这些安全特性对于构建一个高效安全的 SIP 认证与密钥协商协议来说是非常重要的。Yoon 和 Yoo 提出的协议[23]可以在无须 SIP 服务器参与的情况下提供有效的用户口令更新，但却不能提供用户隐私保护。尽管 Yeh 等提出的协议[27]满足大多数的安全需求，但该协议涉及了时间同步问题。表 2-9 表明，Tsai 提出的协议[18]不能有效抵抗离线词典攻击、盗取验证列表攻击、Denning-Sacco 攻击。因此，相对其他认证与密钥协商协议[21-23, 27]来说，Tsai 提出的协议[18]的安全性较弱。与相关的协议[18, 21-23, 27]相比，提出的基于生物特征的认证与密钥协商协议不仅可以有效抵抗攻击者的各种恶意攻击，还能提供一系列的安全特性，如 SIP 服务器端无须存储用户口令列表或验证列表、用户匿名、生物特征信息保护及有效的用户口令更新等。

表 2-9 本节提出的协议与相关协议的功能对比表

攻击和安全特征	Tsai 提出的协议[18]	Yoon 和 Yoo 提出的协议[23]	Arshad 和 Ikram 提出的协议[21]	He 等提出的协议[22]	Yeh 等提出的协议[27]	本节提出的协议
抵抗重放攻击	是	是	是	是	是	是
抵抗离线的词典攻击	否	是	否	是	是	是
抵抗盗取验证列表攻击	否	是	是	是	是	是
抵抗 Denning-Sacco 攻击	否	是	是	是	是	是
提供相互认证	是	是	是	是	是	是
提供有效的用户口令更新	否	是	否	否	是	是
无验证列表	否	是	否	否	是	是

续表

攻击和安全特征	Tsai 提出的协议[18]	Yoon 和 Yoo 提出的协议[23]	Arshad 和 Ikram 提出的协议[21]	He 等提出的协议[22]	Yeh 等提出的协议[27]	本节提出的协议
具备生物特征保护	A/N	否	A/N	A/N	A/N	是
具备用户匿名	否	否	否	否	否	是
无时间同步问题	是	是	是	是	否	是

注：A/N 表示未证明或无须提供该安全特性。

下面给出本节提出的协议与相关协议[18, 21-23, 27]在计算开销上的对比。在先前的工作中，认证协议计算量的估算一般是直接将协议中涉及的各种密码算法的计算时间进行简单的累加。显然，采用这种方法计算出来的认证的计算量与实际运行的认证与密钥协商协议的真实计算量是不同的。此外，一些密码操作的执行时间是与输入数据量的大小相关的，如哈希操作。在实验中，输入 512 B 的单向哈希操作的执行时间约为 0.003 ms，而输入 128 B 的单向哈希操作的时间则为 0.001 ms。因此，相关协议中所用到的密码算法执行时间累加方法并不能真实反映 SIP 认证与密钥协商协议在运行中所需的真实计算量。在实验中，SIP 服务器和用户端安装在两台计算机上，并在局域网中模拟实际的应用环境。SIP 服务器配置 Intel Core™i5 处理器，该处理器提供 2.53 GHz 主频和 4 GB 内存。用户端平台配置 Intel Pentium G630 处理器，该处理器拥有 4 GB 内存和 2.7 GHz 主频。此外，实验中采用 521 位 NIST/SECG 素域标准椭圆曲线、SHA-1 散列函数及 256 位 AES 对称加密算法(NIST 2001)。

本节性能分析中使用的符号定义如下。

(1) T_e：执行一次对称加密操作的时间。

(2) T_d：执行一次对称解密操作的时间。

(3) T_h：执行一次单向哈希操作的时间。

(4) T_m：执行一次椭圆曲线点乘算法的时间。

(5) T_a：执行一次椭圆曲线点加算法的时间。

(6) T_v：执行一次模逆操作的时间。

表 2-10 给出了相关协议[18, 21-23, 27]与本节提出的协议在计算开销的对比。在用户注册阶段，本节提出的协议在用户端需要执行一次哈希操作来计算 SR，在 SIP 服务器端需要执行三次对称加密操作来获取 V，I 和 W。用户注册阶段总的执行时间约为 3.422 ms。

在认证阶段，用户端需要执行两次对称加密操作来计算 C_2 及验证 W 的值，一次对称解密操作用于解密接收到的认证信息，三次哈希操作用于计算 $h(a\oplus C_3)$、

认证信息 $Auth_u$ 及共享会话密钥 SK。在 SIP 服务器端，需要执行两次对称解密操作来解密信息 I 和 C_2，两次对称密钥加密操作计算 V 和认证信息 $Auth_s$，以及三次哈希操作获取 $h(a\oplus C_3)$、$h(a\oplus b\|(r_1+1))$和共享会话密钥 SK。实验结果表明，本节提出的协议只需要 8.73 ms 就可以完成用户与 SIP 服务器间的相互认证和密钥协商，与相关协议[18, 21-23, 27]相比有效降低了认证和密钥协商的执行时间。

表 2-10　本节提出的协议与相关协议的计算开销对比

步骤		Tsai 提出的协议[18]	Yoon 和 Yoo 提出的协议[23]	Arshad 和 Ikram 提出的协议[21]	He 等提出的协议[22]	Yeh 等提出的协议[27]	本节提出的协议
注册	用户		$1T_h$			$1T_h$	$1T_h$
	服务器		$1T_h$	$2T_h$	$2T_h$	$3T_h+1T_m$	$3T_e$
	执行时间		0.016 ms	0.013 ms	0.014 ms	10.875 ms	3.422 ms
认证	用户	$4T_h$	$4T_h+2T_m$	$2T_m+3T_h$	$3T_m+3T_h$	$4T_m+2T_a+6T_h$	$1T_d+2T_e+3T_h$
	服务器	$3T_h$	$4T_h+2T_m$	$3T_m+1T_v+3T_h$	$3T_m+3T_h$	$3T_m+2T_a+5T_h$	$2T_d+2T_e+3T_h$
	执行时间	0.744 ms	54.432 ms	66.077 ms	72.505 ms	103.124 ms	8.73 ms

如图 2-14 所示，与其他相关协议[18, 21-23, 27]相比，Tsai 提出的协议[18]性能最好，主要是因为 Tsai 提出的协议中只涉及了哈希操作，而相对于其他加密操作而言，

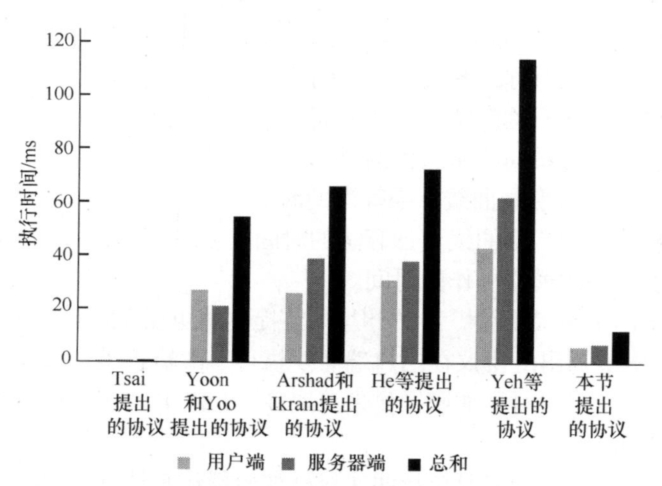

图 2-14　本节提出的协议与其他相关协议执行时间对比

哈希操作的执行时间最短。因此，Tsai 提出的协议[18]执行效率最高。但也正因为 Tsai 提出的协议[18]只使用了哈希操作，协议本身具有一些安全漏洞。例如，不能抵抗离线词典攻击、盗取验证列表攻击、Denning-Sacco 攻击。此外，Tsai 提出的协议[18]不提供有效的用户口令更新功能，也不提供用户隐私保护，等等。从实验结果来看，本节提出的协议与 Tsai 提出的协议[18]在性能上相近，并优于其他相关协议[21-23, 27]。

下面给出本节提出的协议与其他相关协议在通信量和存储量方面的对比。在本节提出的协议中，SIP 服务器端需要存储私钥 s。智能卡需要存储秘密信息(I, T, W, SR, EB, $h(\cdot)$)，其中 I、T 和 W 为 128 位，SR 为 160 位，EB 为 64 位。Tsai 提出的协议中[18]，SIP 服务器端需要存储用户验证列表，其中包括每个用户的用户名和相对应的用户口令。假设 n 代表注册用户人数，用户名为 32 位，相对应的用户密码为 64 位。那么 Tsai 提出的协议[18]中，SIP 服务器端验证列表的存储开销为 $n \times 96$。Arshad 和 Ikram 提出的协议[21]中，同样需要在 SIP 服务器端存储含有用户名和相对应用户口令的验证列表，此外还需要存放 SIP 服务器的私钥。与 Tsai 提出的协议[18]相类似，Arshad 和 Ikram 提出的协议[21]中，用于验证列表的存储开销为 $n \times 192$，其中每个用户的用户名为 32 位，相对应的用户口令为 160 位。由于上述协议[18, 21]需要在 SIP 服务器端存储验证列表，验证列表所需存储量将与注册用户数目相关，随着注册用户的逐步增加，所需的存储开销将逐步增大。与上述协议[18, 21]相比，本节提出的协议由于无须在 SIP 服务器端存储用户验证列表，从而有效降低了 SIP 服务器端的存储开销。He 等提出的协议[22]只需要在 SIP 服务器端存储私钥。Yoon 和 Yoo 提出的协议[23]在 SIP 服务器端也只需要存储私钥，但智能卡端需要存储一些安全信息，包括对称加密算法、阈值、安全的单向哈希函数、生物特征模板及哈希值。在 Yeh 等提出的协议中[27]，智能卡端需要存储四个不同的哈希函数、一个随机数、一个哈希函数值及一个椭圆曲线上的点；在 SIP 服务器端，需要存储私钥。与基于智能卡的协议相比[23, 27]，本节提出的协议在智能卡端的存储需求并不大。此外，由于本节提出的协议中，在 SIP 服务器端无须存储验证列表，有效降低了 SIP 服务器端的存储开销。

在实验中，用户的身份标识信息 ID 及时间戳为 32 位，高熵随机数为 64 位，椭圆曲线上的点为 512 位，哈希操作输出为 160 位。表 2-11 给出了本节提出的协议与相关协议[18, 21-23, 27]的通信开销对比。本节提出的协议总的通信开销为 1120 位。与其他相关协议[21-23, 27]相比，本节提出的协议有效降低了认证和密钥协商过程中的通信开销。与 Tsai 提出的协议[18]相比，本节提出的协议的通信开销稍大，但本节提出的协议可以满足更多的安全需求，提供更好的安全保护。

表 2-11　本节提出的协议与相关协议的通信开销对比

对比项	Tsai 提出的协议[18]	Yoon 和 Yoo 提出的协议[23]	Arshad 和 Ikram 提出的协议[21]	He 等提出的协议[22]	Yeh 等提出的协议[27]	本节提出的协议
通信开销/位	608	1536	1408	1408	2336	1120

本节提出了一个基于生物特征的认证与密钥协商协议。提出的协议采用生物特征、用户口令及智能卡三要素，基于对称加密技术实现了用户与 SIP 服务器间的相互认证和密钥协商。安全性分析表明，本节提出的协议能有效地抵抗各种攻击，并具备一系列的安全属性，如生物信息保护等。此外，实验结果表明，本节提出的协议有效降低了计算开销。因此，从安全性和性能的角度来看，本节提出的协议是一个高效且安全的 SIP 认证与密钥协商协议。

2.3.2　实现服务器端三因子认证的认证与密钥协商协议设计

在 VoIP 环境中，用户与 SIP 服务器在通信之前需要协商出一个共享会话密钥，用于加密之后需要传输的信息，从而保护用户的私有通话内容。共享会话密钥可采用生物特征、用户口令及智能卡三因子进行构建。然而，现有的基于三因子的认证与密钥协商协议大多不能解决服务器端对用户生物信息的有效性验证。若用户将生物特征信息发送给 SIP 服务器进行验证，往往会泄露用户的生物特征信息，从而使攻击者能够通过某种方式获取用户的生物特征模板。由于生物特征信息具有不变性，一旦用户的生物特征模板泄露了，攻击者将利用该信息轻易获取用户的私有信息。在认证和密钥协商过程中，如何在保护用户生物特征信息的前提下，实现 SIP 服务器端对用户生物特征信息的有效性检验是本节重点阐述的问题。

1. 协议设计思路

与口令认证和智能卡认证技术相比，生物认证技术(指纹、虹膜)可以有效避免泄露、丢失和偷盗问题。然而，目前基于生物技术的认证与密钥协商协议大多存在两大局限性：①采用生物信息作为加密密钥。用户的生物特征易于被攻击者获取，由于生物特征的不变性，采用生物特征信息作为加密密钥是否可靠有待进一步探讨；②生物特征扫描提取设备通常与服务器相隔较远，因此服务器无法有效验证生物特征的真实性。

智能卡、生物特征和口令这三种认证技术各有优势和缺陷，具有一定的互补性。智能卡可验证用户拥有什么；生物特征可证明用户是谁；口令可说明用户知道什么。因此，采用智能卡、生物特征和口令三要素，可有效增强 VoIP 网络认证与密钥协商协议的安全性。现有的结合智能卡的生物认证机制中，生物特征的验证在终端由智能卡独立完成，由于避免了用户生物特征信息的传输，有效保护了用户的生物隐私。此外，由于生物特征信息没有传输给服务器，即使是服务器也不能获取用户的生物特征信息。然而，在这种模式下，尽管用户的生物特征信息得到了有效保护，但是服务器端无法验证用户生物特征的真实性。目前，大多数认证与密钥协商协议并没有在保护用户隐私(身份信息、生物特征信息)的前提下，真正实现服务器端智能卡、生物特征和口令三要素的同时认证，仅仅实现了服务器端智能卡和口令的认证。因此，攻击者无须获取生物特征信息，只需要获取用户的智能卡和口令就可以实施有效攻击，从而失去了采用三因子实现强认证的意义。

如图 2-15 所示，本节提出的认证与密钥协商协议采用虹膜作为生物特征信息，并通过两个虹膜生物特征字串间汉明距离的比较来实现虹膜特征信息的匹配。

首先，在用户注册阶段，将用户的虹膜数据与口令的哈希值进行异或操作，生成用户生物特征验证字串，并存储在智能卡中。然后，在登录认证阶段，智能卡将用户输入的口令哈希值与处理器提取的虹膜特征数据进行异或操作，生成生物特征匹配字串。并将该匹配字串与智能卡中存储的生物特征验证字串同时发送到服务器端进行验证。从而在服务器不知道用户生物特征信息的情况下，实现用户生物数据的正确性验证。

本节提出的认证与密钥协商协议满足如下安全目标：①SIP 服务器端无须存储验证列表；②实现了用户与 SIP 服务器间的相互认证和共享会话密钥协商；③实现了用户匿名和用户生物特征信息保护；④具备前向安全性、会话密钥安全和已知会话密钥安全；⑤能有效抵抗重放攻击、中间人攻击、假冒攻击、Denning-Sacco 攻击、有或无智能卡的离线词典攻击。

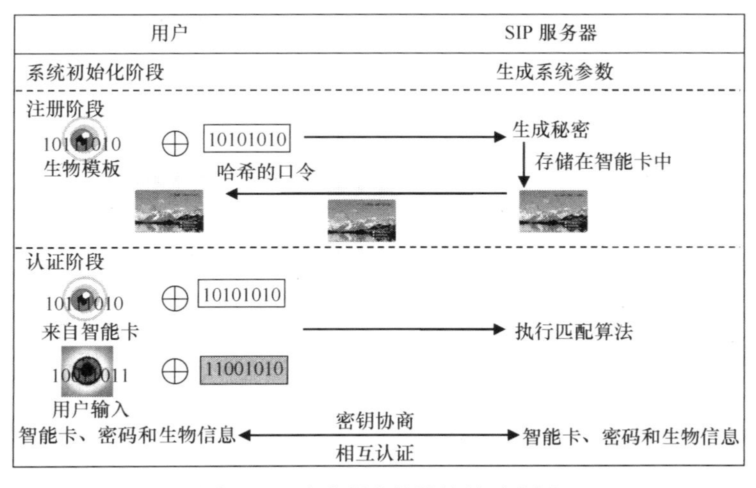

图 2-15　本节提出的协议的示意图

2. 协议设计过程

本节提出的认证与密钥协商协议包括三个阶段：系统初始化阶段、注册阶段和认证与密钥协商阶段。在系统初始化阶段，SIP 服务器生成安全的参数并发布公共信息。在注册阶段，用户对 SIP 服务器提供一些私有信息，然后 SIP 服务器将含有秘密信息的智能卡发送给用户。在认证与密钥协商阶段，SIP 服务器与用户进行相互认证并协商共享会话密钥。协商出的共享会话密钥将用于加密之后需要传输的语音信息。表 2-12 给出了认证与密钥协商协议中用到的符号及这些符号相应的说明。

表 2-12　符号及其说明表

符号	说明
U	用户
S	SIP 服务器
PW	用户 U 的密码
ID	用户 U 的身份
B	用户 U 的虹膜特征模板
s	S 服务器的私钥
$E_p(a, b)$	椭圆曲线等式
c,r,d	随机数
$E_k(\cdot)$	对称加密算法，密钥为 k
$E_{Vcox}(\cdot)$	对称加密算法，其中加密密钥为椭圆曲线点 V 的 x 分量的值
$D_k(\cdot)$	对称解密算法，密钥为 k

本节提出的协议详细执行过程如下。

1) 系统初始化阶段

系统初始化阶段，SIP 服务器 S 生成安全参数。

步骤 S1：SIP 服务器 S 选取椭圆曲线 $E_p(a, b)$: $y^2=x^3+ax+b \pmod p$，其中 p 为大素数，$a, b\in F_p$，且 $4a^3+27b^2\neq 0 \pmod p$。椭圆曲线上所有整点的集合构成循环加法群 G，且 G 有素数阶 q，P 为生成元。

步骤 S2：SIP 服务器选择一个高熵随机数 $s \in_R Z_q^*$作为自己的私钥匙用于对称加解密操作。

步骤 S3：SIP 服务器 S 发布公共信息$\{E_p(a, b), P\}$。

2) 注册阶段

在注册阶段，当用户 U 在 SIP 服务器 S 上进行注册时，需要执行如下步骤。

步骤 R1：$U \rightarrow S: (ID, ST, h(PW), h(\cdot))$。

用户 U 自由选择他的身份标识 ID 和用户口令 PW。然后，进行虹膜扫描并生成虹膜生物特征模板 B。由于虹膜与其他生物特征信息，如指纹相比更安全，在本节提出的协议中采用虹膜作为生物特征模板。接下来，用户 U 选择一个安全的单项哈希函数 $h(\cdot):\{0,1\}^* \rightarrow \{0,1\}^k$，并计算 $h(PW)$和 $ST=h(PW) \oplus B$。然后，用户 U 将信息$\{ID, ST, h(PW), h(\cdot)\}$通过安全方式发送给 SIP 服务器 S。

步骤 R2：$S \rightarrow U$: 智能卡含有信息$(R, T, h(\cdot))$。

当 SIP 服务器 S 收到来自用户 U 的信息后，SIP 服务器 S 计算秘密信息 $R=h(PW)s^{-1}P$，并采用自己的私钥 s 加密用户身份信息 ID 和 ST 来得到 $T=E_s(ID \| ST)$。接下来，SIP 服务器 S 将$(ID, h(\cdot))$存储在身份验证列表中，并将$(R, T, h(\cdot))$写入智能卡内存中。然后，SIP 服务器 S 通过安全方式将智能卡发送给用户 U。

步骤 R3：用户 U 将秘密存储用户口令 PW、身份信息 ID 及智能卡。

3) 认证与密钥协商阶段

在认证与密钥协商阶段阶段，用户 U 和 SIP 服务器 S 执行如图 2-16 所示的四个步骤，从而实现相互认证和密钥协商。

步骤 A1：$U \rightarrow S$: $REQUEST(W, Z)$。

用户 U 输入他的用户口令 PW、身份信息 ID，并进行虹膜扫描获取 B^*。B^* 表示经过图像处理后的虹膜信息。然后，用户 U 选择两个高熵随机数 $r,c \in_R Z_q^*$，并计算 $ST^*=h(PW) \oplus B^*$，$V=rh(PW)P$，$W=rR=rh(PW)s^{-1}P$ 和 $Z=E_{V_{cox}}(ST^* \| ID \| T \| c)$，其中 $E_{V_{cox}}(\cdot)$是对称加密算法，椭圆曲线点 V 的横坐标的值为加密密钥。接下来，用户 U 发送请求信息 $REQUEST(W, Z)$给 SIP 服务器 S。

步骤 A2：$S \rightarrow U$: $CHALLENGE(realm, Auth_s)$。

当接收到用户 U 发送的请求信息后，SIP 服务器 S 采用自己的私钥 s 计算 $V=Ws=rh(PW)P$，并获取椭圆曲线点 V 的横坐标值，记为 V_{cox}^*。然后，SIP 服务器 S 采用 V_{cox}^*解密 Z，从而获取 ST^*、ID、T 和 c 的值。接下来，SIP 服务器 S 根据身份验证列表，验证获取的身份信息 ID 是否有效。如果身份信息无效，那么终止认证过程。如果身份信息有效，那么采用自己的私钥 s 解密 T，从而获取 ID 和 ST。 接下来，SIP 服务器 S 对比 T 中的身份信息 ID 与 Z 中的身份信息 ID。如果两个身份信息不相同，那么终止认证过程。如果相同，SIP 服务器 S 则进一步验证$\Delta(ST^*, ST)$的值是否在阈值范围内。如果在阈值范围内，SIP 服务器 S 将选取一

个随机数 $d \in_R Z_q^*$，并根据身份验证列表，采用哈希函数 $h(\cdot)$计算共享会话密钥 $SK=h(c \oplus d)$。最后，SIP 服务器 S 构造认证信息 $Auth_s= E_c(SID \| ST^* \| d)$，并发送挑战信息 $CHALLENGE\ (realm, Auth_s)$给用户 U。

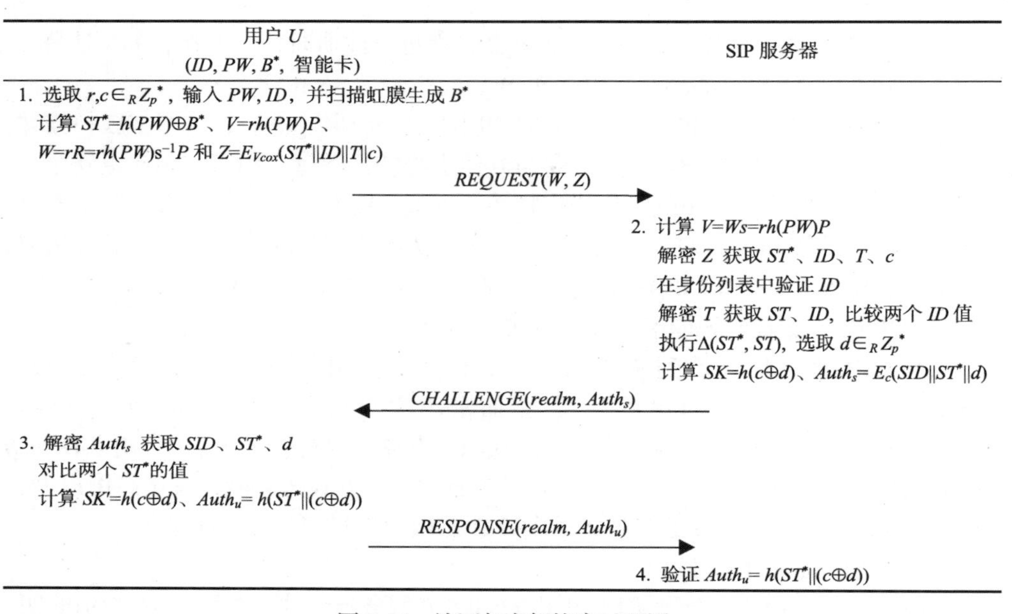

图 2-16 认证与密钥协商过程图

步骤 A3: $U \to S$: $RESPONSE(realm, Auth_u)$

当接收到 SIP 发送的挑战信息后，用户 U 采用 c 解密认证信息 $Auth_s$ 来获取 SID、ST^*和 d。智能卡对 SIP 服务器 S 的身份标识 SID 进行验证，以确认认证信息 $Auth_s$ 来自 SIP 服务器 S。然后，用户 U 将计算得到的 ST^*对与 $Auth_s$ 中的 ST^* 值进行对比。如果它们相等，那么计算共享会话密钥 $SK'=h(c \oplus d)$和认证信息 $Auth_u= h(ST^* \| (c \oplus d))$。接下来，用户 U 发送应答信息 $RESPONSE\ (realm, Auth_u)$给 SIP 服务器 S。否则他将拒绝接收挑战信息，并终止认证过程。

步骤 A4：当接收到用户 U 发送的应答信息后，SIP 服务器 S 验证等式 $Auth_u= h(ST^* \| (c \oplus d))$是否成立。如果该等式成立，那么 SIP 服务器 S 将 SK 设置为他与用户 U 之间的共享会话密钥；否则 SIP 服务器 S 拒绝应答信息，并终止认证过程。

在完成上述四步之后，用户 U 和 SIP 服务器 S 实现了相互认证和共享会话密钥的协商。协商出的共享会话密钥将用于加密需要传输的语音信息，从而为语音在公网中的传输提供有效保护。

3. 安全性分析

1) GNY 逻辑证明

采用 GNY 逻辑[29]对本节提出的认证与密钥协商协议的安全性进行分析。GNY 逻辑的公式和声明在 2.3.1 节中进行了详细阐述，本节直接给出目标和证明过程。

将提出协议转换成如下形式 $P\to Q:(X)$，并对一些符号的变换进行如下说明。

(1) $U\to S$: $(\{rR,\{ST^*\|ID\|T\|c\}_{V_{cox}})$。

(2) $S\to U$: $(\{SID\|ST^*\|d\}_c)$。

(3) $U\to S$: $(H(ST^*\|(c\oplus d)))$。

下面从三个方面给出本节提出的协议应达到的目标。

(1) 信息内容认证。

目标 1：S 相信第一轮发送的消息是可识别的。

$$S|\equiv\phi(\{rR,\{ST^*\|ID\|T\|c\}_{V_{cox}})$$

目标 2：U 相信认证信息 $Auth_s$ 在第二轮中是可识别的。

$$U|\equiv\phi(\{SID\|ST^*\|d)\}_c)$$

目标 3：S 相信第三轮发送的消息是可识别的。

$$S|\equiv\phi(H(ST^*\|c\oplus d))$$

(2) 信息源认证。

目标 4: U 相信 S 在第二轮中发送的消息。

$$U|\equiv S|\sim(\{SID\|ST^*\|d)\}_c)$$

目标 5: S 相信 U 在第三轮中发送的消息。

$$S|\equiv U|\sim(H(ST^*\|c\oplus d))$$

(3) 会话密钥原料建立。

目标 6：U 相信 S 相信 $c\oplus d$ 是 U 和 S 之间合适的共享秘密。

$$U|\equiv S|\equiv U\xleftrightarrow{c\oplus d}S$$

目标 7：U 相信 $c\oplus d$ 是 U 和 S 之间的共享秘密。

$$U|\equiv U\xleftrightarrow{c\oplus d}S$$

目标 8：S 相信 U 拥有 $c\oplus d$。

$$S|\equiv U\ni c\oplus d$$

目标 9：S 相信 U 相信 $c\oplus d$ 是 U 和 S 之间的共享秘密。

$$S|\equiv U|\equiv U\overset{c\oplus d}{\longleftrightarrow}S$$

假设列表。

假设(1) 由于密钥 s、随机数 d 是由 S 生成的，可以假设 S 拥有 s、d，且相信 d 是新鲜的。

$$S\ni s,S\ni d,S|\equiv\#(d)$$

假设(2) 由于在协议中，随机数 c 是由用户 U 生成的，U 拥有 c 并相信 c 是新鲜的。此外，用户 U 拥有用户口令 PW 和他的生物特征 B。

$$U\ni c,U|\equiv\#(c),U\ni B^*,U\ni PW$$

假设(3) 由于 c 是用户 U 独立自由选择的，可以假设用户 U 相信 c 是它和 S 之间合适的秘密。

$$U|\equiv U\overset{c}{\longleftrightarrow}S$$

假设(4) U 相信服务器 S 是授权方，生成了 U 和 S 之间的共享会话密钥原料 $c\oplus d$。

$$S|\equiv S\overset{c\oplus d}{\longleftrightarrow}U$$

假设(5) 由于 $c\oplus d$ 是由 c 和 d 两个高熵随机数构成，而这两个高熵随机数是由用户 U 和服务器 S 自由独立生成的，可以假设服务器 S 相信 $c\oplus d$ 是它与用户 U 之间合适的秘密。

$$U|\equiv S|\Rightarrow U\overset{c\oplus d}{\longleftrightarrow}S$$

下面给出 GNY 逻辑证明过程。符号($T1$, $P1$)表示逻辑假设在 GNY 逻辑假设完整列表中的索引。

第一轮：

$$\frac{S\lhd W,S\lhd\{ST^*\|ID\|T\|c\}_{V_{cox}}}{S\ni W,S\ni\{ST^*\|ID\|T\|c\}_{V_{cox}}}\tag{2.24}$$

由 $P1$ 可知，S 服务器拥有 W 和 $\{ST^*\|ID\|T\|c\}_{V_{cox}}$。

$$\frac{S\ni W,S\ni s}{S\ni V,S\ni V_{cox}}\tag{2.25}$$

根据 $P2$、$P3$ 和式(2.24)，如果 S 服务器拥有 $W=rR$ 和 $rh(PW)s^{-1}P$，以及密钥 s 假设(1)，则服务器 S 拥有 $V=rh(PW)P$ 和 V_{cox}。

$$\frac{S\ni\{ST^*\|ID\|T\|c\}_{V_{cox}},S\ni V_{cox}}{S\ni(ST^*\|ID\|T\|c),S\ni H(ST^*\|ID\|T\|c)}\tag{2.26}$$

根据 $P6$、$P4$ 和式(2.24)、式(2.25)，如果服务器 S 拥有 $\{ST^*\|ID\|T\|c\}_{V_{cox}}$ 和密钥

V_{cox}，那么服务器 S 拥有解密密钥($ST^*\|ID\|T\|c$)和哈希值 $H(ST^*\|ID\|T\|c)$。

$$\frac{S \ni H(ST^* \| ID \| T \| c)}{S | \equiv \phi(ST^* \| ID \| T \| c)} \tag{2.27}$$

根据 $R6$ 和式(2.26)，如果服务器 S 拥有哈希值 $H(ST^*\|ID\|T\|c)$，那么服务器 S 相信($ST^*\|ID\|T\|c$)是可识别的。

$$\frac{S | \equiv \phi(ST^* \| ID \| T \| c), S \ni V_{cox}}{S | \equiv \phi(\{ST^* \| ID \| T \| c\}_{V_{cox}}), S | \equiv \phi(rR, \{ST^* \| ID \| T \| c\}_{V_{cox}})} \tag{2.28}$$

根据 $R1$、$R2$ 和式(2.25)、式(2.27)，如果服务器 S 相信($ST^*\|ID\|T\|c$)是可识别，且服务器 S 拥有密钥 V_{cox}，那么服务器 S 相信采用 V_{cox} 作为加密密钥，加密信息($ST^*\|ID\|T\|c$)所生成的 $(rR, \{ST^* \| ID \| T \| c\}_{V_{cox}})$ 是可识别的。信息 $(\{ST^* \| ID \| T \| c\}_{V_{cox}})$ 也是可识别的。

因此，根据式(2.28)，S 在第一轮中可以识别信息 $(rR, \{ST^* \| ID \| T \| c\}_{V_{cox}})$。(目标 1)

第二轮：

$$\frac{U \ni PW, U \ni B^*}{U \ni H(PW), U \ni H(PW) \oplus B^*} \tag{2.29}$$

根据 $P2$、$P4$ 和假设(2)，如果 U 拥有 PW 和 B^*，那么 U 拥有 $H(PW)$ 和 $H(PW) \oplus B^*$，也就是 ST^*。

$$\frac{U \ni ST^*}{U \ni H(ST^*), U | \equiv \phi(ST^*)} \tag{2.30}$$

根据 $P4$、$R6$ 和式(2.29)，如果 U 拥有 ST^*，那么认为 U 有能力拥有 $H(ST^*)$，且相信 ST^* 是可识别的。

$$\frac{U | \equiv \phi(ST^*)}{U | \equiv \phi(SID \| ST^* \| d)} \tag{2.31}$$

根据 $R1$ 和式(2.30)，如果 U 相信 ST^* 是可识别的，那么 U 相信含有 ST^* 的信息($SID\|ST^*\|d$)是可识别的。

$$\frac{U | \equiv \phi(SID \| ST^* \| d), U \ni c}{U | \equiv \phi(\{SID \| ST^* \| d\}_c)} \tag{2.32}$$

根据 $R2$ 和(2.31)、假设(2)，如果 U 相信($SID\|ST^*\|d$)是可识别的且 U 拥有密钥 c，那么 U 相信加密值 $\{SID\|ST^*\|d\}_c$ 是可识别的。

因此，根据式(2.32)，U 可以在第二轮中识别信息 $Auth_S$。　(目标 2)

$$\frac{U <^* \{SID \| ST^* \| d\}_c, U \ni c, U \mid\equiv U \overset{c}{\leftrightarrow} S, U \mid\equiv \phi(SID \| ST^* \| d), U \mid\equiv \#(c)}{U \mid\equiv S \mid\sim \{SID \| ST^* \| d\}_c, U \mid\equiv S \ni c} \tag{2.33}$$

根据 *I*1，如果满足如下所有条件，那么 *U* 被认为相信 *S* 曾经发送过$\{SID\|ST^*\|d\}_c$且 *U* 相信 *S* 拥有 *c*。①*U* 收到了用密钥 *c* 加密的信息$(SID\|ST^*\|d)$ 且标识有非原始记号；②根据假设(2)，*U* 拥有 *c*；③根据假设(3)*U* 相信 *c* 是它与 *S* 之间合适的秘密；④根据式(2.31)*U* 相信$(SID\|ST^*\|d)$是可识别的；⑤根据假设(2)*U* 相信 *c* 是新的。

因此，根据式(2.33)，*U* 相信 *S* 曾经发送过$\{SID\|ST^*\|d\}_c$。 (目标 4)

$$\frac{U \mid\equiv \phi(SID \| ST^* \| d), U \mid\equiv \#(c), U \ni c}{U \mid\equiv \#(\{SID \| ST^* \| d\}_c)} \tag{2.34}$$

根据 *F*7 和式(2.31)、假设(2)，如果 *U* 相信$\{SID\|ST^*\|d\}_c$是可识别的，且 *U* 拥有密钥 *c* 并相信它是新的，那么 *U* 相信$\{SID\|ST^*\|d\}_c$是新的。

根据 GNY 逻辑，假设$U \mid\equiv S \mid\Rightarrow S \mid\equiv *$，即 *U* 相信 *S* 是诚实的完整的，则可以推导出如下声明：

$$\frac{U \mid\equiv S \mid\Rightarrow S \mid\equiv *, U \mid\equiv S \mid\sim (\{SID \| ST^* \| d\}_c \rightsquigarrow S \mid\equiv U \xleftrightarrow{c\oplus d} S), U \mid\equiv \#(\{SID \| ST^* \| d\}_c)}{U \mid\equiv S \mid\equiv U \xleftrightarrow{c\oplus d} S} \tag{2.35}$$

根据 *J*2 和式(2.23)、式(2.24)，如果 *U* 相信 *S* 是诚实的完整的，且 *U* 收到了它认为是 *S* 发送的信息$(\{SID\|ST^*\|d\}_c, \rightsquigarrow S \mid\equiv U \xleftrightarrow{c\oplus d} S)$，并相信$\{SID\|ST^*\|d\}_c$是新的，那么 *U* 相信 *S* 相信$U \xleftrightarrow{c\oplus d} S$。

根据式(2.35)，*U* 相信 *S* 相信 $c\oplus d$ 是 *U* 和 *S* 间合适的秘密。 (目标 6)

$$\frac{U \mid\equiv S \mid\Rightarrow U \xleftrightarrow{c\oplus d} S, U \mid\equiv S \mid\equiv U \xleftrightarrow{c\oplus d} S}{U \mid\equiv U \xleftrightarrow{c\oplus d} S} \tag{2.36}$$

根据 *J*1 和假设(4)，如果 *U* 相信 *S* 授权声明$U \xleftrightarrow{c\oplus d} S$，且 *S* 相信$U \xleftrightarrow{c\oplus d} S$，那么 *U* 相信$U \xleftrightarrow{c\oplus d} S$。

根据式(2.36)，*U* 相信 $c\oplus d$ 是 *U* 和 *S* 之间合适的秘密。 (目标 7)

第三轮：

$$\frac{S \ni (ST^* \| ID \| T \| c), S \ni d}{S \ni ST^*, S \ni c, S \ni c \oplus d, S \ni (ST^* \| (c \oplus d))} \tag{2.37}$$

根据 *P*3 和式(2.26)，若 *S* 拥有$(ST^*\|ID\|T\|c)$，则 *S* 有能力拥有 ST^*和 *c*。根据 *P*2 和假设(1)，若 *S* 拥有 ST^*、*c* 和 *d*，则 *S* 有能力拥有 $c\oplus d$ 和 $(ST^*\|(c\oplus d))$。

$$\frac{S \ni (ST^* \| (c \oplus d))}{S \ni H(ST^* \| (c \oplus d)), S | \equiv \phi(ST^* \| (c \oplus d))} \tag{2.38}$$

根据 $P4$、$R6$ 和式(2.37)，若 S 拥有$(ST^* \| (c\oplus d))$，则 S 有能力拥有 $H(ST^* \| (c\oplus d))$，则 S 相信$(ST^* \| (c\oplus d))$是可识别的。

$$\frac{S | \equiv \phi(ST^* \| (c \oplus d)), S \ni (ST^* \| (c \oplus d))}{S | \equiv \phi(H(ST^* \| (c \oplus d))} \tag{2.39}$$

根据 $R5$ 和式(2.37)、式(2.38)，若 S 相信$(ST^* \| (c\oplus d))$是可识别的，且 S 拥有$(ST^* \| (c\oplus d))$，则 S 相信 $H(ST^* \| (c\oplus d))$是可识别的。

根据式(2.39)，S 相信 $H(ST^* \| (c\oplus d))$在第三轮中是可识别的。　(目标 3)

$$\frac{S | \equiv \#(d)}{S | \equiv \#(c \oplus d), S | \equiv \#(ST^* \| (c \oplus d))} \tag{2.40}$$

根据 $F1$ 和假设(1)，若 S 相信 d 是新鲜的，则 S 相信 $c\oplus d$ 和$(ST^* \| (c\oplus d))$是新鲜的。

$$\frac{S \triangleleft *H(ST^*, \langle c \oplus d \rangle), S \ni (ST^*, \langle c \oplus d \rangle)), S | \equiv S \xleftrightarrow{c\oplus d} U, S | \equiv \#(c \oplus d)}{S | \equiv U | \sim (ST^*, \langle c \oplus d \rangle), S | \equiv U | \sim H(ST^*, \langle c \oplus d \rangle)} \tag{2.41}$$

根据 $I3$，若满足如下所有条件，则 S 相信 U 曾经发送过$(ST^*, \langle c\oplus d \rangle)$和 $H(ST^*, \langle c\oplus d \rangle)$。①$S$ 收到的公式中含有 ST^* 单项哈希式和 $c\oplus d$，且标识有非原始记号；② 根据式(2.37)，S 拥有 ST^* 和 $c\oplus d$；③根据假设(5)，S 相信 $c\oplus d$ 是它和 U 之间合适的秘密；④根据式(2.40)，S 相信 $c\oplus d$ 是新鲜的。

根据式(2.41)，S 相信信息 $Auth_s$ 在第三轮中是由 U 发送的。　(目标 5)

$$\frac{S | \equiv U | \sim (ST^*, \langle c \oplus d \rangle)}{S | \equiv U | \sim c \oplus d} \tag{2.42}$$

根据 $I7$ 和式(2.41)，若 S 相信 U 曾经发送过$(ST^*, \langle c\oplus d \rangle)$，则 S 相信 U 发送过 $c\oplus d$。

$$\frac{S | \equiv U | \sim c \oplus d, S | \equiv \#(c \oplus d)}{S | \equiv U \ni c \oplus d} \tag{2.43}$$

根据 $I6$ 和式(2.19)、式(2.40)，若 S 相信 U 发送过 $c\oplus d$ 和 $c\oplus d$ 是新鲜的，则 S 相信 U 拥有 $c\oplus d$。

根据(2.43)，S 相信 U 拥有 $c\oplus d$。　(目标 8)

$$\frac{S | \equiv \#(ST^* \| (c \oplus d)), S \ni (ST^* \| (c \oplus d))}{S | \equiv \#(H(ST^* \| (c \oplus d)))} \tag{2.44}$$

根据 $F10$ 和式(2.37)、式(2.40)，若 S 相信$(ST^*\|(c\oplus d))$是新的且拥有$(ST^*\|(c\oplus d))$，则 S 相信 $H(ST^*\|(c\oplus d))$是新的。

根据 GNY 逻辑，假设$U|\equiv S|\Rightarrow S|\equiv *$，即 S 相信 U 诚实且完整的，则可以推导出如下声明：

$$\frac{S|\equiv U|\Rightarrow U|\equiv *, S|\equiv U|\sim (H(ST^*\|(c\oplus d)) \sim> U|\equiv U \xleftrightarrow{c\oplus d} S), S|\equiv \#(H(ST^*\|(c\oplus d)))}{S|\equiv U|\equiv U \xleftrightarrow{c\oplus d} S} \tag{2.45}$$

根据 $J2$ 和式(2.41)、式(2.44)，若 S 相信 U 是诚实的完整的，且 S 认为它收到了 U 发送的信息 $H(ST^*\|(c\oplus d)) \sim> U|\equiv U \xleftrightarrow{c\oplus d} S$，同时 S 相信 $H(ST^*\|(c\oplus d))$是新鲜的，则 S 相信 U 相信$U \xleftrightarrow{c\oplus d} S$。

根据式(2.45)，可以推导出 S 相信 $c\oplus d$ 是它与 U 之间合适的秘密。　(目标 9)

2) 各类攻击分析

本节将通过讨论可能的攻击来分析本节提出的协议的安全性。

(1) 提出的协议可以有效抵抗重放攻击。假设攻击者 Bob 截获了用户 U 在步骤 A1 中发送的请求信息 *REQUEST* (W, Z)，并将该信息重新发送给 SIP 服务器 S，以假冒用户 U。然而，攻击者在不能正确猜测出 $c\oplus d$ 和 $ST^*=h(PW)\oplus B^*$的情况下，不能构造一个有效的认证信息 $Auth_u$ 发送给 SIP 服务器 S。这是因为在不知道用户 U 的用户口令 PW 和高熵随机数 r 的情况下，攻击者不能通过解密截获的信息 $Z=E_{V_{cox}}(ST^*\|ID\|T\|c)$来获取 ST^*和 c。当攻击者试图从 W 中获取 r 时，他将面临解决椭圆曲线离散对数问题。此外，在不知道 c 的情况下，攻击者不能通过解密 $Auth_s$ 来获取 d。因此，攻击者不能构造一个有效的认证信息 $Auth_u$ 来通过 SIP 服务器 S 的验证。

另一方面，假设攻击者截获了先前发送的挑战信息 *CHALLENGE* (*realm*, $Auth_s$)，并假冒 SIP 服务器 S 将该信息发送给用户 U。当用户 U 对比 $Auth_s$ 中的 ST^* 和他自己计算出的 ST^*值时将会发现该攻击。因此，攻击者在不知道用户 U 的用户口令 PW 和生物特征信息 B^*的情况下，不能在步骤 A3 中通过用户 U 的验证。因此，提出的协议能有效抵抗重放攻击。

(2) 提出的协议可以有效抵抗中间人攻击。在提出的协议中，只有用户 U 和 SIP 服务器 S 实现相互认证后，才会生成共享会话密钥。因此，攻击者 Bob 不能假冒用户 U 与 SIP 服务器 S 生成共享会话密钥，除非他可以通过 SIP 服务器 S 的身份认证。然而，在不知道用户 U 的用户口令 PW、虹膜特征模板 B 及随机数 c 和 d 的情况下，攻击者不能通过认证过程。另外，攻击者也不能假冒 SIP 服务器 S 与用户 U 共享会话密钥。这是因为攻击者不能正确猜测随机数 c、ST^*

和 SID。因此，提出的协议能有效抵抗中间人攻击。

(3) 提出的协议可以有效抵抗假冒攻击。假设攻击者 Bob 试图假冒用户 U 并通过构造 W' 和 Z' 伪造了请求信息 $REQUEST$，并将该信息发送给 SIP 服务器 S。由于不知道服务器的私钥 s，攻击者不能生成一个有效的 $W=rR=rh(PW)s^{-1}P$。因此，SIP 服务器 S 可以通过解密信息 Z，并在身份列表中验证 ID 的值来发现该攻击。即使攻击者通过了身份验证，SIP 服务器 S 也可以通过对比 T 中的 ID 值和 Z 中的 ID 值来发现该攻击。此外，攻击者也不能通过构造一个合适的 ST^* 值来通过生物特征验证。因此，攻击者不能通过伪造请求信息 $REQUEST$ 来假冒用户 U。

假设攻击者 Bob 伪造了认证信息 $Auth_s$，并假冒 SIP 服务器 S 将该消息发送给用户 U。为了通过用户 U 的验证，攻击者需要计算出正确的 ST^*，并猜测出正确的 SID 和 c。然而，攻击者在不知道 SIP 服务器 S 的私钥 s 或用户 U 的用户口令 PW 和高熵随机数 r 的情况下，不能通过解密截获的信息 Z 来获取 ST^* 和 c。因此，用户 U 在验证 SIP 服务器身份信息 SID 时，将会发现该攻击。此外，在没有用户 U 的用户口令 PW 和生物特征信息 B^* 的情况下，攻击者 Bob 不能构造一个合适的 ST^* 来通过生物特征验证。因此，攻击者 Bob 不能通过伪造挑战信息 $CHALLENGE$ 来假冒 SIP 服务器 S。

假设攻击者 Bob 假冒用户 U，并伪造了应答信息 $RESPONSE$ $(realm, Auth_u)$，发送给 SIP 服务器 S。同理，如果攻击者 Bob 不能构造一个有效的 ST^* 并正确猜测 $c \oplus d$，SIP 服务器 S 将会发现认证信息 $Auth_u$ 与其计算得到的 $h(ST^* \| (c \oplus d))$ 值不相等。此时，SIP 服务器 S 将会删除 SK，并终止认证与密钥协商协议。因此，提出的协议能有效抵抗假冒攻击。

(4) 提出的协议可以有效抵抗 Denning-Sacco 攻击。假设攻击者 Bob 获取了先前的会话密钥 SK，他也不能从先前的会话密钥 SK 中获取用户 U 的用户口令 PW 或 SIP 服务器 S 的私钥 s。这是因为会话密钥 SK 是由用户 U 及 SIP 服务器 S 独立生成的两个高熵随机数所构成的。会话密钥的构成与用户 U 的用户口令 PW 和 SIP 服务器 S 的私钥 s 没有任何关系。因此，即使攻击者 Bob 获取了先前的会话密钥 SK，也不能得到用户 U 的用户口令 PW 或 SIP 服务器 S 的私钥 s。此外，在每次会话过程中，共享会话密钥是高熵随机数 c 和 d 构成的，而 c 和 d 分别由用户 U 和 SIP 服务器 S 独立生成。因此，即使攻击者 Bob 获取了先前的会话密钥，他也不能获取其他的会话密钥，因为会话密钥 $SK=h(c \oplus d)$ 与其他会话密钥无关。所以，提出的协议能有效抵抗 Denning-Sacco 攻击。

(5) 提出的协议可以有效抵抗盗取验证列表攻击。在提出的协议中，在 SIP 服务器端无须存储验证列表，因此，攻击者 Bob 不能通过盗取存储在 SIP 服务器中的验证列表来获取有价值的信息。所以，提出的协议能有效抵抗盗取验证列表攻击。

(6) 提出的协议可以有效抵抗无智能卡的离线词典攻击。假设攻击者 Bob 通过窃听截获了用户 U 和 SIP 服务器 S 之间传输的所有信息，并试图发起离线的词典攻击。为了获取用户的用户口令 PW，攻击者需要从 $W=rR=rh(PW)s^{-1}P$ 中提取 $h(PW)$值，这相当于解决一个椭圆曲线离散对数问题。此外，攻击者在不知道 SIP 服务器 S 的私钥 s 或用户 U 的用户口令 PW 和高熵随机数 r 的情况下，他不能通过解密截获的信息 Z 来获取 ST^*和 c。即使攻击者获取了信息 ST^*，他仍然需要获取用户的虹膜信息 B^*来判断他所猜测的用户口令是否正确。此外，当攻击者试图从信息 $Auth_s$ 中获取用户口令 PW 时，他需要正确猜测高熵随机数 c 和虹膜信息 B^*。如果攻击者试图从认证信息 $Auth_u$ 中获取用户口令 PW，他需要破解哈希函数，并正确猜测用户 U 的虹膜信息 B^*。此外，即使攻击者 Bob 获取了先前的会话密钥，他也不能正确猜测用户 U 的口令 PW，这是因为会话密钥是由两个高熵随机数构成的，与用户的口令无关。因此，提出的协议能有效抵抗无智能卡的离线词典攻击。

(7) 提出的协议可以有效抵抗有智能卡的离线词典攻击。假设攻击者截获了用户 U 和 SIP 服务器 S 之间发送的所有信息，并获取了用户 U 存储在智能卡中的所有信息，然后发起了离线词典攻击。与无智能卡的离线词典攻击相比，攻击者 Bob 在该攻击中知道的额外信息是存储在智能卡中的信息$(R, T, h(\cdot))$。当攻击者试图从 $R=h(PW)s^{-1}P$ 中获取 $h(PW)$时，他将面临解决椭圆曲线离散对数问题。另外，攻击者在不知道 SIP 服务器 S 私钥 s 的情况下，他不能通过解密信息 $T=E_s(ID||ST)$来获取 ST。此外，即使攻击者 Bob 获取了信息 ST，他也不能得到信息 $h(PW)$来判断他所猜测的用户口令是否正确。这是因为攻击者 Bob 不知道用户 U 的虹膜生物特征模板 B。因此，提出的协议能有效抵抗有智能卡的离线词典攻击。

(8) 提出的协议具备会话密钥安全。在提出的协议中，除了用户 U 和 SIP 服务器 S，谁也不知道会话密钥 $SK=h(c\oplus d)$。这是因为高熵随机数 c 在认证过程中由对称加密算法和椭圆曲线离散对数问题保护。高熵随机数 d 在认证过程中，则由安全的对称加密算法和哈希函数保护。此外，生成共享会话密钥的密钥原料 $c\oplus d$ 在从用户端发送到 SIP 服务器端时，是由哈希函数保护的。因此，只有用户 U 和 SIP 服务器 S 知道共享会话密钥。所以，提出的协议具备会话密钥安全。

(9) 提出的协议具备已知密钥安全。在提出的协议中，用户 U 和 SIP 服务器 S 在每次会话过程中分别独立地选择随机数 c 和 d。因此，每次生成的会话密钥 $SK=h(c\oplus d)$与其他会话过程中生成的会话密钥不相关。所以，提出的协议具备已知密钥安全。

(10) 提出的协议具备完美前向安全。在提出的协议中，长期私钥为用户 U 的用户口令 PW。假设攻击者 Bob 获取了用户 U 的用户口令 PW，为了得到先前的会话密钥，攻击者 Bob 需要通过解密信息 Z 或 $Auth_s$ 来得到高熵随机数 c 和 d，或者破解单项哈希函数直接获取 $c \oplus d$。然而，攻击者 Bob 在不知道高熵随机数 r 或 SIP 服务器 S 私钥 s 的情况下无法解密信息 Z 或 $Auth_s$。此外，即使 SIP 服务器 S 的长期私钥 s 泄露了，攻击者 Bob 在不知道哈希函数 $h(\cdot)$的情况下，也不能计算出先前的会话密钥。所以，提出的协议具备完美前向安全。

(11) 提出的协议提供相互认证。在提出的协议中，SIP 服务器 S 和用户 U 分别通过验证用户认证信息 $Auth_u$ 和 SIP 服务器认证信息 $Auth_s$，对通信方的身份进行认证。因此，提出的协议可以提供相互认证功能。

(12) 提出的协议具备用户匿名。提出的协议可以实现用户匿名。在认证阶段，用户的真实身份信息由安全的对称加密算法和椭圆曲线离散对数问题保护。此外，即使攻击者 Bob 获取了用户 U 和 SIP 服务器 S 之间发送的所有信息及用户存储在智能卡中的所有信息，他在不知道用户 U 的用户口令 PW 及高熵随机数 r 或 SIP 服务器私钥 s 的情况下，无法获取用户的真实身份。因此，提出的协议能有效保护用户的真实身份，实现了用户匿名。

(13) 提出的协议具备生物信息保护。在提出的协议中，用户的生物信息在 SIP 服务器端执行匹配算法时，由哈希的用户口令进行保护。此外，生物特征信息在用户 U 和 SIP 服务器 S 间进行传输时，由安全的对称加密算法、椭圆曲线离散对数问题及哈希的用户口令进行保护。因此，攻击者 Bob 和 SIP 服务器 S 在整个认证与密钥协商过程中都无法获取用户的生物特征信息。此外，即使攻击者 Bob 获取了用户的智能卡，他也无法获取用户的生物特征信息。这是因为存储在智能卡中的生物特征信息由对称加密算法和哈希的用户口令进行保护。

由上述安全性分析可知，提出的协议能有效抵抗重放攻击、中间人攻击、假冒攻击、Denning-Sacco 攻击、盗取验证列表攻击及有无智能卡的离线词典攻击。此外，提出的协议具备相互认证、会话密钥协商、完美前向安全、会话密钥安全、已知密钥安全、用户匿名和生物信息保护等性质，并无须在 SIP 服务器端存储用户口令列表或验证列表。

4. 性能分析

在提出的协议中，SIP 服务器端无须存储用户的口令列表。用户的真实身份以密文的方式进行传输。也就是说即使攻击者获取了用户和 SIP 服务器之间发送的所有信息，他也无法通过窃听方式获取用户的真实身份。此外，在提出的协议中，生物特征信息的验证是在 SIP 服务器端完成的，且在 SIP 服务器端执行生物信息匹配的过程中，用户的生物特征信息是受保护的。也就是说，即使是 SIP 服务器也无法知道用户的生物特征信息,从而实现了用户生物特征信息的有效保护。提出的协议所具备的上述性质是相关协议没有考虑或不具备的安全性质，而这些安全性质对构造一个有效的 SIP 认证与密钥协商协议来说是非常重要的。

下面对本节提出的协议与其他相关协议[20, 23, 27]在计算开销方面进行对比。实验环境及采用的参数与 2.3.1 节中给出的实验环境和参数相同。本节性能分析中使用的符号定义如下。

(1) T_m：执行一次椭圆曲线点乘算法的时间。

(2) T_a：执行一次椭圆曲线点加算法的时间。

(3) T_h：执行一次单向哈希操作的时间。

(4) T_v：执行一次模逆操作的时间。

(5) T_e：执行一次对称加密操作的时间。

(6) T_d：执行一次对称解密操作的时间。

表 2-13 给出了本节提出的协议与相关协议[20, 23, 27]在计算量方面的对比。本节提出的协议在注册阶段，需要用户端执行一次哈希操作来计算 $h(PW)$的值，SIP 服务器端需要执行一次模逆运算和一次椭圆曲线点乘运算来获取 $R=h(PW)s^{-1}P$，以及一次对称加密操作计算得到 $T=E_s(ID||ST)$。所以，本节提出的协议在注册阶段总的执行时间约为 14.032 ms。

表 2-13　提出协议与相关协议计算量对比表

步骤		Xie 提出的协议[20]	Yoon 和 Yoo 提出的协议[23]	Yeh 等提出的协议[27]	本节提出的协议
注册阶段	用户端		$1T_h$	$1T_h$	$1T_h$
	服务器端	$1T_e$	$1T_h$	$3T_h+1T_m$	$1T_m+1T_v+1T_e$
	执行时间/ms	2.014	0.016 ms	10.875 ms	14.032 ms
认证阶段	用户端	$3T_m+1T_a+3T_h+1T_v$	$2T_m+4T_h$	$4T_m+2T_a+6T_h$	$2T_m+3T_h+1T_e+1T_d$
	服务器端	$3T_m+3T_h+1T_v+1T_d$	$2T_m+4T_h$	$3T_m+2T_a+5T_h$	$1T_m+2T_h+1T_e+2T_d$
	执行时间	76.634 ms	54.432 ms	103.124 ms	46.116 ms
总计算量	用户端	$3T_m+1T_a+3T_h+1T_v$	$2T_m+5T_h$	$4T_m+2T_a+7T_h$	$2T_m+4T_h+1T_e+1T_d$
	服务器端	$3T_m+3T_h+1T_v+1T_d+1T_e$	$2T_m+5T_h$	$4T_m+2T_a+8T_h$	$2T_m+2T_h+2T_e+2T_d+1T_v$
	执行时间	78.648 ms	54.448 ms	113.999 ms	60.148 ms

在认证阶段，本节提出的协议在用户端需要执行三次哈希操作来获取 $h(ST)$、$Auth_u$ 和 SK，两次椭圆曲线点乘运算获取 $V=rh(PW)P$ 和 $W=rR$，一次对称加密操作获取 Z，以及一次对称解密操作得到 $Auth_s$。在 SIP 服务器端，需要执行一次椭圆曲线点乘操作获取 V，两次对称解密操作得到 Z 和 T，一次对称密钥加密操作计算 $Auth_s$，以及两次哈希操作获取 $Auth_u$ 和 SK。因此，认证阶段总的执行时间约为 46.116 ms。

如图 2-17 所示，与 Xie 提出的协议[20]和 Yeh 等提出的协议[27]相比，本节提出的协议执行效率更高。在 Yoon 和 Yoo 提出的协议[23]中，用户端和服务器端所需执行时间分别为 29.29 ms 和 25.158 ms。在本节提出的协议中，用户端和服务器端所需执行时间分别为 27.6 ms 和 32.548 ms。尽管与 Yoon 和 Yoo 提出的协议[23]相比，本节提出的协议在服务器端的执行时间略有增加，但本节提出的协议有效降低了用户端的执行时间。此外，本节提出的协议还具备一些安全特性，如用户匿名、生物特征信息保护、SIP 服务器端生物特征验证等，这些性质是 Yoon 和 Yoo 提出的协议[23]所不具备的，而这些性质又是构建 SIP 认证与密钥协商协议不可缺少的。实验结果表明，本节提出的协议实现了安全性和性能的有效平衡，更适用于基于 SIP 的 VoIP 环境。

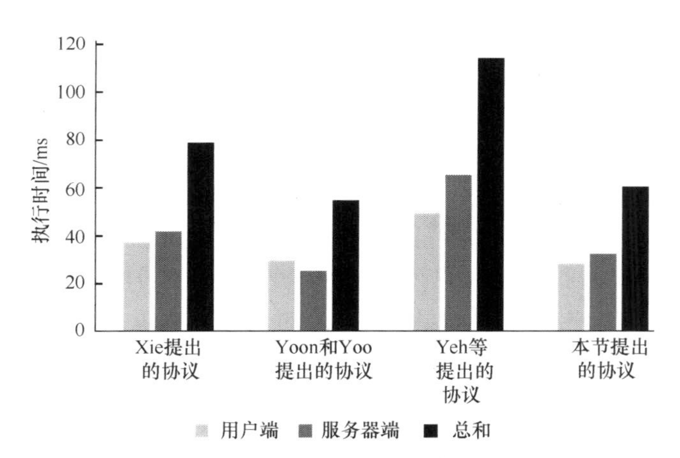

图 2-17　本节提出的协议与相关协议的执行时间对比图

本节提出了采用生物特征信息、用户口令、智能卡三要素构建 SIP 匿名认证与密钥协商协议的思想。提出的协议实现了服务器端对三要素的有效验证，特别是对用户生物特征信息的验证，并在生物信息验证过程中实现了生物信息的有效保护。提出的协议不仅能有效抵抗各种攻击，还提供一系列的安全性质。例如 SIP，服务器端无须存储验证列表，用户匿名，在 SIP 服务器端执行生物信息匹配算法时提供生物信息保护等。与已有的相关协议相比，提出的协议不仅具有更高的安全性而且有效降低了认证与密钥协商所需的计算量。因此，提出的协议适用于基于 SIP 的 VoIP 网络环境。

2.4　基于信息隐藏的密钥分配方案设计

本节提出一种两轮密钥分配方案，包括密钥协商与密钥更新两部分。提出的密钥分配方案在第一轮中将隐写技术与椭圆曲线 Diffie-Hellman 密钥交换(ECDH)协议相结合，将需要传输的密钥原料隐写在 VoIP 数据包中进行传输，在有效抵抗中间人攻击的同时降低了通信和计算开销。在第二轮中，提出的方案采用种子共享密钥实现会话密钥的动态更新。与传统的密钥协商协议不同，提出的两轮密钥分配方案将隐写技术与密码技术相结合，在提高安全性的同时兼顾了性能，适用于 VoIP 网络环境。

2.4.1　协议设计思想

为了保护实时的 VoIP 通信，各种认证与密钥协商协议相继提出。ECDH 协议是 VoIP 应用环境下构建认证与密钥协商协议的常用技术之一。与 SIP/SDP 信号消息一起传输的密钥原料将用于通信双方的会话密钥协商。生成的共享会话密钥可用于加密/解密之后所需传输的语音信息。

近年来，为了有效抵抗中间人攻击，针对原始 ECDH 的改进协议[27-28, 31-32]相继提出。有一些改进协议能有效抵抗中间人攻击，提高了协议的安全性。但这类协议在密钥协商的过程中加入了双向认证机制，从而使得协议本身更加复杂，延长了 VoIP 的建立过程。认证机制的加入不可避免地增加了密钥协商过程的复杂性，降低了上述方案在 VoIP 应用环境中的实用性。尽管诸多学者试图平衡安全性与性能，但单纯基于密码技术的解决方案尚未找到性能和安全性之间的完美平衡点。为了在提高安全性的同时不降低 VoIP 呼叫质量，本节提出采用隐写技术来增强 ECDH 协议的安全性，从而在有效抵抗中间人攻击的同时不影响 VoIP 呼叫的质量。与基于密码技术的认证与密钥协商协议不同，本节提出的基于隐写技术的密钥分配方案，采用隐写技术将密钥原料的交换过程进行隐藏，从而降低了密钥原料被攻击的概率，能有效抵抗中间人攻击。

此外，为了保护语音数据的隐私，在互联网上采用 VoIP 进行一段时间通话后，应考虑更新加密密钥。虽然密钥更新对于 VoIP 通信的安全性至关重要，但现有的解决方案却非常有限。大部分认证与密钥协商协议都没有考虑密钥更新过程。通常采用重新启动认证与密钥协商协议来取代密钥更新过程。然而，重新启动认证与密钥协商协议会严重降低 VoIP 呼叫的质量。因此，通过重新启动认证与密钥协商协议来实现密钥的更新，并不适用于 VoIP 应用环境。

为了在 VoIP 应用环境中提供快速高效的认证与密钥协商,并提供高效的密钥更新，本节提出一种新颖的两轮密钥分配方案来实现安全的密钥协商和高效的动态密钥更新。在密钥分配的第一轮，将隐写技术应用到 ECDH 协议中，从而实现高效安全的密钥协商。其基本思想是，采用隐写技术将需要传输的密钥原料嵌入某些 VoIP 语音包中，实现密钥原料的有效隐写。由于传输的密钥原料隐写在某些 VoIP 语音包中，攻击者不知道哪些 VoIP 语音包中隐藏有密钥原料，无法通过窃听等方式获取密钥原料，从而能有效抵抗中间人攻击。在密钥协商过程中，有两组密钥原料隐写在 VoIP 语音包中进行传输,其中一组密钥原料用于构建共享会话密钥，另一组密钥原料用于生成种子共享密钥，该种子密钥将用于第二轮密钥更新过程，实现动态密钥的更新。

如图 2-18 所示，提出的两轮密钥分配方案包含两个部分，分别为密钥协商部分和密钥更新部分。在提出的两轮密钥分配协议中，由于密钥原料是嵌入一些 VoIP 语音包分组中进行传输的，不需要对密钥原料进行额外的传输，从而在提高安全性的同时，有效降低了计算开销和低通信开销。此外，利用种子共享密钥可以在不增加通信负载的情况下，实现动态会话密钥的有效更新，保证了 VoIP 通信的质量。

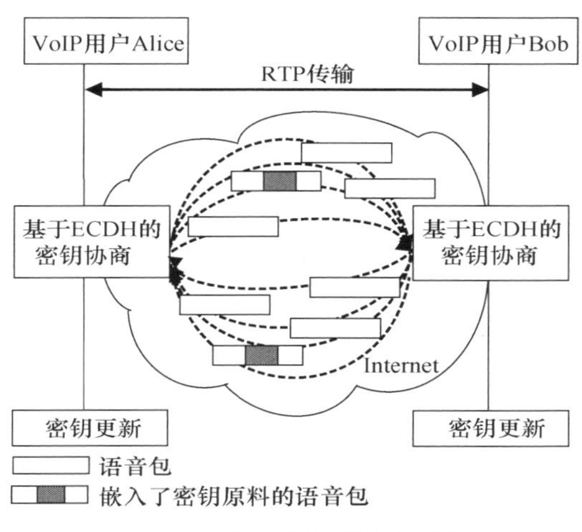

图 2-18 两轮密钥分配方案示意图

2.4.2 协议设计与分析

本节对提出的两轮密钥分配方案进行详细描述。提出的方案分为两轮，第一轮密钥协商过程将协商出两个共享会话密钥,第二轮将实现动态的会话密钥更新。在第一轮密钥协商过程中,采用隐写算法和ECDH协议实现共享会话密钥的协商,通过密钥原料的隐写，增强了密钥协商的安全性并降低了计算和通信开销。在第二轮密钥分配过程中，采用种子共享会话密钥实现高效的动态密钥更新。

1. 隐写算法

提出的两轮密钥分配方案中所用到的 VoIP 隐写算法为可变间隔嵌入方法。在提出的密钥分配方案中,通信双方需要传输的密钥原料将嵌入在 VoIP 语音包中进行传输。当接收方接收到隐写有密钥原料的 VoIP 语音包，他将采用相应的提取算法获取隐写在 VoIP 语音包中的密钥原料。图 2-19 给了将密钥原料嵌入语音流的每 R 字节中的方法。

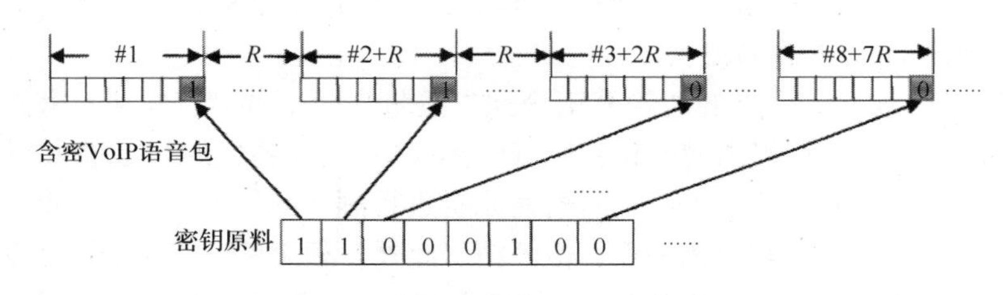

图 2-19　密钥原料隐写示意图

密钥原料嵌入过程的伪代码如下，其中 ConvertToBinary()函数用于将密钥原料(M)转换为比特流(B)，并根据嵌入间隔，嵌入在每个分组语音的最低有效位上。

```
begin
      B=ConverToBinary(M),
      do
      {
          if (B[i]==0), V(k)=V(k)&0xfe,
          if (B[i]==1), V(k)=V(k) 0x01,
          k=k+R,
          length=length-k,
       } while(length!=0)
end
```

2. 基于 ECDH 和隐写的密钥协商

由于 SIP 更新消息可用于初始化密钥更新过程，在第一轮密钥分配过程中，基于该方法协商两个共享会话密钥，具体过程如图 2-20 所示。

步骤 1：用户 Alice 和 Bob 采用 RTP 传输协议传输语音包。当 Alice 发出密钥协商请求时，SIP 将服务器发送 INVITE 消息给用户 Bob。

步骤 2：如果 Bob 处于繁忙状态，他将发送“183 Session in Progress”消息给用户 Alice，告知其当前状态。

步骤 3：Alice 接收到“183 Session in Progress”消息后，她将选择两个高熵随机数 $c_1, c_2 \in_R Z_q^*$ 作为私钥，并计算相应的公钥 $M_{A1} = c_1P = (X_{M_{A1}}, Y_{M_{A1}})$ 和 $M_{A2} = c_2P = (X_{M_{A2}}, Y_{M_{A2}})$。其中 P 是椭圆曲线 $E_p(a,b)$的生成元。

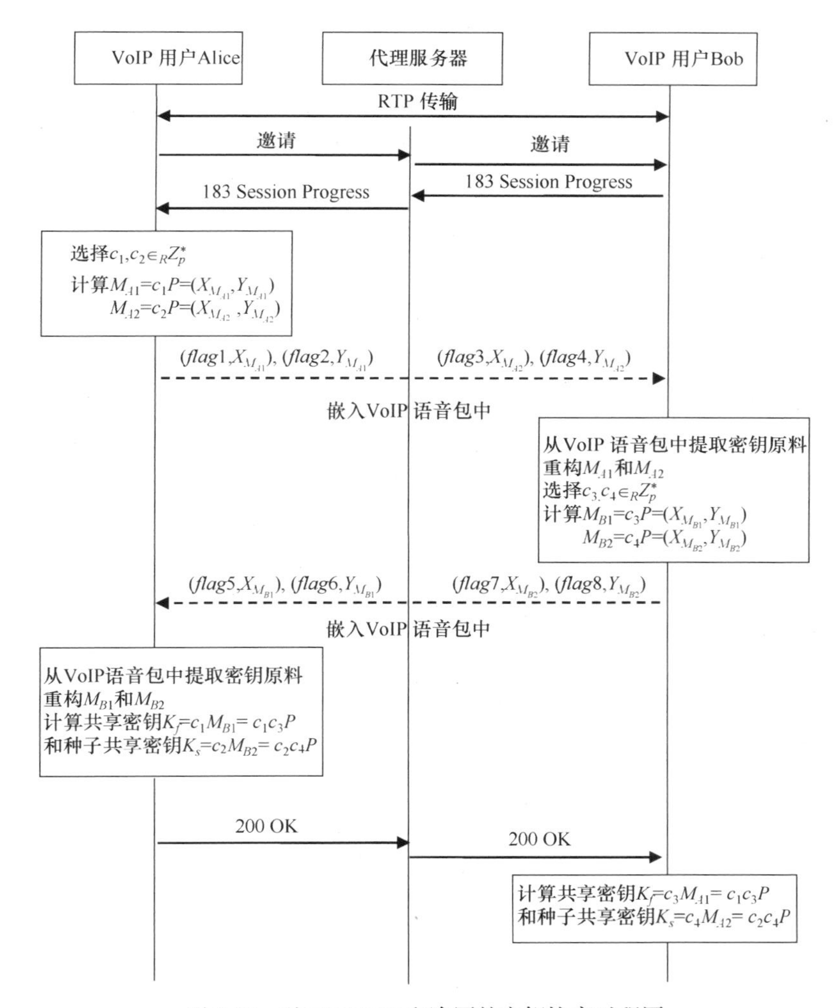

图 2-20　基于 ECDH 和隐写的密钥协商过程图

步骤 4：Alice 采用隐写算法将需要传输的密钥原料 $X_{M_{A1}}$、$Y_{M_{A1}}$、$X_{M_{A2}}$、$Y_{M_{A2}}$ 和相应的标签分别嵌入四个不同的 VoIP 语音包中。其中，四个标签分别为 flag1=00、flag=01、flag3=10、flag4=11，用于标识四个传输的密钥原料 $X_{M_{A1}}$、$Y_{M_{A1}}$、$X_{M_{A2}}$、$Y_{M_{A2}}$。根据标签信息，接收者 Bob 可以区分四个不同的密钥原料，从而重构出正确的公钥 M_{A1} 和 M_{A2}。最后，Alice 将隐写有密钥原料的 VoIP 语音包发送给用户 Bob。

步骤 5：用户 Bob 接收到嵌入密钥原料的四个 VoIP 语音包后，他首先从 VoIP 语音包中提取隐写信息 $X_{M_{A1}}$、$Y_{M_{A1}}$、$X_{M_{A2}}$、$Y_{M_{A2}}$，然后根据标签值重构两个椭圆曲线点 M_{A1} 和 M_{A2}。接下来，用户 Bob 选取两个高熵随机数 $c_3, c_4 \in_R Z_q^*$ 作为他的私钥，并计算相应的两个公钥 $M_{B1}=c_3P=(X_{M_{B1}},Y_{M_{B1}})$ 和 $M_{B2}=c_4P=(X_{M_{B2}}, Y_{M_{B2}})$。然后，用户 Bob 采用隐写算法，将四个秘密信息 $X_{M_{B1}}$、$Y_{M_{B1}}$、$X_{M_{B2}}$、$Y_{M_{B2}}$，以及相应的标签 *flag*5=00、*flag*6=01、*flag*7=10 和 *flag*8=11，隐写在四个不同的 VoIP 语音包中。其中四个标签 *flag*5=00、*flag*6=01、*flag*7=10 和 *flag*8=11 分别用来标识四个秘密信息 $X_{M_{B1}}$、$Y_{M_{B1}}$、$X_{M_{B2}}$、$Y_{M_{B2}}$。这四个秘密信息将用来生成椭圆曲线点 M_{B1} 和 M_{B2}。最后，用户 Bob 将隐写了密钥原料的 VoIP 语音包发送给用户 Alice。

步骤 6：当 Alice 接收到四个隐写了机密信息的 VoIP 语音包后，他将根据提出的隐写算法从 VoIP 语音包中提取四个机密信息 $X_{M_{A1}}$、$Y_{M_{A1}}$、$X_{M_{A2}}$、$Y_{M_{A2}}$ 及相应的标签。并根据标签重构两个椭圆曲线点，即两个公钥 M_{B1} 和 M_{B2}。接下来，Alice 计算两个会话密钥、共享会话密钥 $K_f=c_1M_{B1}=c_1c_3P$ 和种子共享会话密钥 $K_s=c_2M_{B2}=c_2c_4P$。最后，Alice 发送消息“200 OK”给用户 Bob。

步骤 7：接收到 Alice 发送的“200 OK”消息后，用户 Bob 计算共享会话密钥 $K_f=c_3M_{A1}=c_1c_3P$ 和种子共享会话密钥 $K_s=c_4M_{A2}=c_2c_4P$。

整个过程结束后 Alice 和 Bob 可采用协商出的共享会话密钥加密需要传输的语音信息。会话密钥协商过程中产生的种子共享会话密钥将用于在通话一段时间后生成新的共享会话密钥，来完成动态密钥更新操作。

3. 高效的动态密钥更新

动态密钥更新机制如图 2-21 所示。

步骤 1：用户 Alice 和用户 Bob 采用 AES 对称加密算法和生成的共享会话密钥加密/解密 VoIP 语音包，进行安全的语音通信。

步骤 2：当用户 Alice 和用户 Bob 进行了一段时间语音通信后，需要更新共享会话密钥来提供更安全的语音通信。此时，Alice 和 Bob 将采用上一轮密钥协商过程中协商出的种子共享会话密钥来生成一个新的共享会话密钥。由于只有 Alice 和 Bob 知道种子共享会话密钥 $K_s=c_2c_4P=(X_{K_s},Y_{K_s})$，该种子密钥可以作为密钥原料生成新的秘密共享会话密钥。Alice 和 Bob 随机选取椭圆曲线点 K_s 的横坐标和纵坐标，并计算新的会话密钥 $K_{s+1}=h(X_{K_s})P$ 和 $K_{s+1}=h(Y_{K_s})P$，其中 $h(\cdot)$是安全的单向哈希函数 $h(\cdot)$: $\{0,1\}^*\to\{0,1\}^k$。

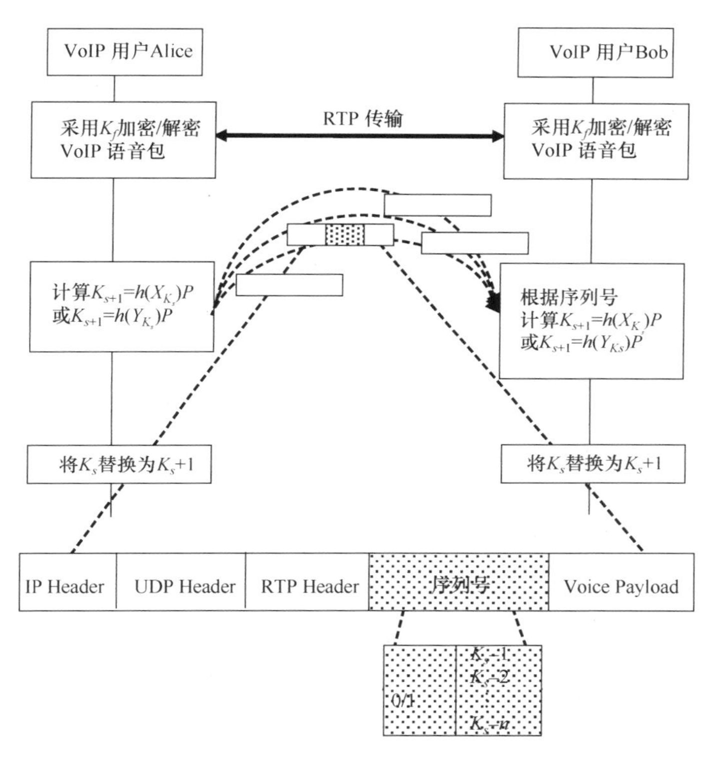

图 2-21　VoIP 通信中高效的密钥更新机制

步骤 3：为了明确哪一个加密密钥是当前应用的加密密钥，以及该选择椭圆曲线的横坐标值还是纵坐标值来构建新的加密密钥，需要在 VoIP 语音包中的加密语音数据和 RTP 报头之间设计一个序列号。该序列号由两部分组成，序列号的首位用来标识采用的是椭圆曲线点的横坐标还是纵坐标来构建的共享会话密钥。首位值为 0，表示采用了椭圆曲线点的横坐标值来生成共享会话密钥。若首位值为 1，则采用了椭圆曲线点的纵坐标值来生成共享会话密钥。此外，序列号的其余位将用于确定一组共享密钥中，选择哪一个共享密钥为当前的共享会话密钥，以实现 VoIP 通信中通信双方的同步密钥更新。当用户 Alice 构建了新的共享会话密钥之后，她将含有序列号的 VoIP 语音包一起发送给用户 Bob。

步骤 4：当接收到 Alice 发送的信息后，用户 Bob 可以根据序列号的首位值来构建新的共享会话密钥，并可以根据序列号的其余位确定当前使用的共享会话密钥。

4. 安全性分析

在提出的协议中，第一轮密钥协商中主要是将隐写算法引入 ECDH 协议中，来实现共享会话密钥的协商。因此，密钥协商协议的安全性是基于隐写算法的安全性和 ECDH 协议的安全性的。协议第二轮密钥更新协商中，不需要传输密钥原料，因此，密钥更新的安全性与第一轮密钥分配中种子共享会话密钥生成的安全性相关。所以，本节将重点讨论基于 ECDH 协议和隐写算法的密钥协商过程的安全性。

ECDH 是一个经典的密钥交换机制，其安全性依赖于椭圆曲线 Diffie-Hellman 问题 (ECDHP)。当选取合适的椭圆曲线时，ECDHP 被公认为是一个用现有计算资源不可破解的数学难题。在密钥协商过程中，为了有效抵抗中间人攻击，增强 ECDH 协议的安全性，提出的密钥协商协议通过采用隐写算法对密钥原料进行隐写，来隐藏密钥原料传输的事实，使得攻击者无法知道通信的数据包中是否隐藏了密钥原料，从而达到抵抗中间人攻击的目的。显然，密钥原料传输的安全性依赖于采用的隐写算法。隐写算法的安全性一般是通过统计检测来进行评估的。如果一个隐写机制在统计分析上是不可检测的，那么将无法通过统计分析确定载体中是否隐藏了机密信息。接下来，将采用不同于传统统计检测的 M-W-W(Mann-Whitney-Wilcoxon)检测方法对提出的隐写机制进行安全性分析。

M-W-W 检测是一种非参数检验方法，用来比较两个独立的观察样本是否来自同一个分布。M-W-W 检测将用于比较正常 VoIP 数据流和嵌入了机密信息的含密 VoIP 数据流的概率分布，以确定它们之间的差异是否能通过统计分析检测出来，从而判定隐写算法的安全性。

当样本量足够大，M-W-W 检验使用基于标准化的测试统计：

$$z^* = \frac{S_2 - E\{S_2\}}{\sigma\{S_2\}} \tag{2.46}$$

式中：$E\{S_2\}$和$\sigma\{S_2\}$为组合样本分布 S_2 的方差的均值和均方差，这里的组合样本是由待测的两个样本混合而成的。为了达到 95%的置信度，即置信系数$(1-\alpha)$为 0.95，其中α称为显著性水平，需要满足 $z(1-\alpha/2) = z(0.975) = 1.960$，其中 z 是标准正态分布的分位数。因此，测试的决策规则如下。

如果 $|z^*| \leqslant 1.960$，判断 H_0 (两个分布不存在差异)；

如果 $|z^*| > 1.960$，判断 H_1 (两个分布不同)。

采用上述 M-W-W 检验方法，对原始 VoIP 语音数据流和含密 VoIP 语音数据流的概率分布进行对比。相应的 M-W-W 测试结果见表 2-14。

表 2-14　原始 VoIP 语音与含密 VoIP 语音 M-W-W 检验结果对比

嵌入间隔 R/B	测试统计 z^*	假设 H
1	0.0077	H_0
5	0.0482	H_0
10	0.1156	H_0
15	0.2813	H_0

在 VoIP 通信接收方采集原始 VoIP 语音和含密 VoIP 语音样本。待评估的原始 VoIP 语音样本和含密 VoIP 语音样本，这两个样本组合的采样分布为式(2.46)中的 S_2，并根据式(2.46)计算 z^*的值。

根据表 2-14，对于四组实验，由于$|z^*| \leqslant 1.960$，可以推出 H 为 H_0。这说明嵌入了密钥原料的含密 VoIP 数据流的概率分布与没有嵌入密钥原料的原始的 VoIP 数据流的概率分布无差别。基于上述实验和分析可得到结论，提出的密钥分配方案采用隐写算法将密钥原料嵌入在 VoIP 数据流中进行传输，在统计分析上是不可检测的，即密钥原料在通信双方间的传输是安全的。

5. 性能分析

在实验中，采用 Digital Speech Level Analyzer II(简称 DSLAII)仪器测量原始 VoIP 语音流和含密 VoIP 语音流的语音质量。实验中采用的语音质量测量仪 DSLAII 是由英国 Malden Electronics 有限公司制造，用于测量语音质量和强度。DSLAII 测试仪为用户测量 PESQ 值提供了方便的接口，便于测量载体语音和隐藏语音的 PESQ 值。实验中，采用 Windows 多媒体静态库 winmm.lib 实现语音信号的收集和播放，并基于开源的 jrtplib 库进行 RTP 语音流传输，以实现实时语音通信。首先，在 VoIP 通信接收方，采集大量原始 VoIP 语音样本和含密 VoIP 语音样本进行测试。采用单通道技术，以 8 kHz 的采样率采集 VoIP 音频样本。然后，根据实验结果，对语音样本的时域波形图和语音样本的频域语谱图进行分析，以判断 VoIP 隐写对 VoIP 通信的影响。图 2-22 为原始 VoIP 语音样本和嵌入了密钥原料的含密语音样本的时域波形对比图。如图 2-22 所示，原始 VoIP 语音样本和嵌入了密钥原料的含密 VoIP 语音样本之间几乎没有失真，因此人耳将无法区分原始 VoIP 语音和嵌入了密钥原料的含密 VoIP 语音样本。

图 2-23 为原始 VoIP 语音样本和嵌入了密钥原料的含密 VoIP 语音样本的频域语谱图对比。从图 2-23 可以看出，原始 VoIP 语音样本和嵌入了密钥原料的含密 VoIP 语音样本在频域语谱图上只存在细微的差异，这表明密钥原料的隐写对 VoIP

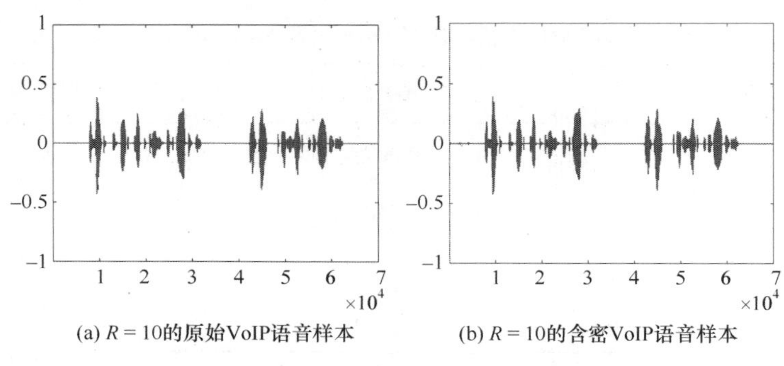

(a) $R = 10$的原始VoIP语音样本　　(b) $R = 10$的含密VoIP语音样本

图 2-22　女性 VoIP 语音样本的时域波形对比

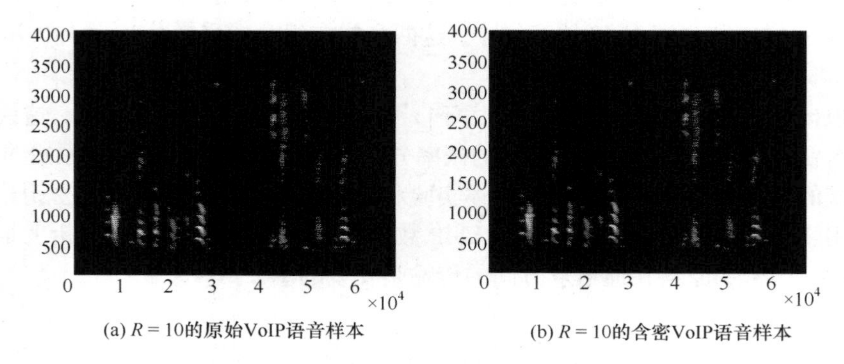

(a) $R = 10$的原始VoIP语音样本　　(b) $R = 10$的含密VoIP语音样本

图 2-23　女性 VoIP 语音样本的频域语谱图对比

通信的影响很小或可忽略不计。

为了分析隐写对语音质量的影响，对原始 VoIP 语音样本和含密 VoIP 语音样本的 PESQ 值进行对比。表 2-15 列出了具有不同 R 值的含密 VoIP 语音样本 PESQ 的平均值。根据表 2-15，嵌入了密钥原料的含密 VoIP 语音样本，其语音质量好，这说明在 VoIP 数据包中嵌入密钥原料不会导致语音质量的降低。

表 2-15　含密语音样本的 PESQ 测试结果

嵌入间隔 R/B	PESQ	
	平均值	标准偏差
1	4.33	0.0230
5	4.49	0
10	4.49	0
15	4.44	0

下面对本节提出的密钥协商协议与其他基于ECDH的密钥协商协议在计算量方面进行对比。为了对比基于DH的密钥协商协议，在实验中采用原始的DH密钥协商协议，命名为基于DH的协议。本节性能分析中使用的符号定义如下。

(1) T_m：执行一次椭圆曲线点乘算法的时间。

(2) T_a：执行一次椭圆曲线点加算法的时间。

(3) T_h：执行一次单向哈希操作时间。

(4)T_{bh}：执行一次生物哈希算法的时间。

(5) T_v：执行一次模逆操作的时间。

(6) T_x：执行一次模幂操作的时间。

表2-16给出了本节提出的密钥协商协议与其他基于ECDH的密钥协商协议[27-28, 31-33]在计算量方面的对比。在表2-16中，基于DH的协议需要执行四次模幂运算来完成共享会话密钥的协商。基于ECDH的密钥协商协议需要执行四次椭圆曲线点乘运算来生成共享会话密钥。与基于DH密钥协商协议中所用的模幂运算相比，基于ECDH协议中采用的椭圆曲线点乘运算可有效降低计算开销。因此，与基于DH的协议相比，基于ECDH的密钥协商协议有效降低了计算量，实现了更快的安全VoIP会话建立。

根据表2-16，本节提出的协议实现了VoIP用户端与SIP服务器端的高效密钥协商，与其他相关密钥协商协议[27-28, 31-33]相比，本节提出的协议有效降低了计算开销。本节提出的协议与Wang和Liu提出的端到端密钥协商协议[33]计算量相当。然而，由于Wang和Liu提出的协议[33]采用了原始的ECDH协议，因此不能有效抵抗中间人攻击。本书提出的协议通过在原始的ECDH协议中引入隐写机制，有效抵抗了中间人攻击，实现了VoIP应用环境下性能与安全性的平衡。

表2-16　本节提出的协议与基于ECDH的协议计算量对比表

协议	用户(A)	SIP服务器	用户(B)
Wang和Liu提出的协议[33]	$2T_m$	—	$2T_m$
Yeh等提出的协议[27]	$4T_m+2T_a+7T_h$	$4T_m+2T_a+8T_h$	—
Tu等提出的协议[28]	$3T_m+T_a+5T_h$	$4T_m+5T_h$	—
Mishra等提出的协议[31]	$2T_m+7T_h+T_{bh}$	$2T_m+5T_h$	—
Lu等提出的协议[32]	$4T_m+8T_h$	$4T_m+4T_h$	—
基于DH的协议	$2T_x$	—	$2T_x$
本节提出的协议	$2T_m$	—	$2T_m$

本节提出了一个适用于 VoIP 网络环境的两轮密钥分配方案,用来保护用户传输的语音信息。提出方案分为两轮，第一轮为密钥协调机制用来实现终端用户之间的共享会话密钥协商。与先前的研究工作不同，提出的密钥协商协议将隐写算法与 ECDH 协议相结合，有效抵抗了原始 ECDH 协议所面临的中间人攻击。由于密钥协商所需的密钥原料是隐写在 VoIP 数据包中的,从而避免了密钥原料的额外传输，本节提出的协议有效降低了计算和通信开销。为了进一步保护传输的语音信息。第二轮为密钥更新过程，在用户通话过程中，实现了动态高效的密钥更新。提出的密钥更新方法无须传输交换更新密钥的相关信息。不会增加通信量。实验结果表明，本节提出的密钥协商和密钥更新方法不会对 VoIP 语音质量造成影响，即提出的两轮密钥分配方案能为 VoIP 通信提供高效安全的防护。

第 3 章　E-health 环境下认证与密钥协商协议设计

3.1　E-health 应用环境

E-health 是以人为中心的新型医疗解决方案，通过将一系列具有智能计算功能、医疗传感功能和无线通信功能的医疗传感设备佩戴或植入的方式部署在被监测人周围，对人体的生物医学信号(如心电图、血压、血糖、脑电波等)进行采集和初步转换。这些生物医学信号通过互联网传输到医院等健康监测中心，生成个人的电子病历，患者、家属及医生可通过智能终端实时地获取患者的健康状况。

近年来，E-health 的应用大幅度减少了医疗费用的开销，有效减轻了医院的负担，缓解了看病难的问题[34-37]。特别是在实时健康监护、远程诊断等方面相对于传统医疗机构具有不可取代的优势。

尽管目前 E-health 的发展迅猛，但也遇到了前所未有的阻力——安全性问题。没有良好的安全保障，E-health 的实际应用意义将会受到广泛质疑，这向学者提出了新的挑战[38-41]。医学数据在 E-health 中的传输和存储可能会遭受到诸如篡改、假冒等各种有针对性的攻击，如图 3-1 所示。一旦医学数据被攻击，将直接导致医生对病情的错误诊断，甚至威胁患者的生命。为了保护医学数据——个人健康隐私，然而，如何保证医学数据在 E-health 中的安全传输，目前仍未得到有效解决。

近年来，国内外诸多学者对 E-health 环境下的认证与密钥协商协议设计展开了研究[42-59]，以解决 E-health 环境中存在的安全和隐私保护问题。Wu 等[42]基于椭圆曲线密码机制，针对远程医疗信息系统提出了一个有效的密钥协商协议。He 等[43]分析指出 Wu 等提出的密钥协商协议[42]不能有效抵抗假冒攻击和内部攻击，并提出了一个改进协议。然而 He 等提出的协议不能抵抗假冒攻击，且无法实现双因子的有效认证。Challa 等[44]对基于三因子技术的无线医疗健康传感网络安全认证和密钥协商进行了研究。Li 等[45]通过引入混沌映射技术，针对 E-health 构建了一个基于动态身份的轻量级可认证密钥协商协议。

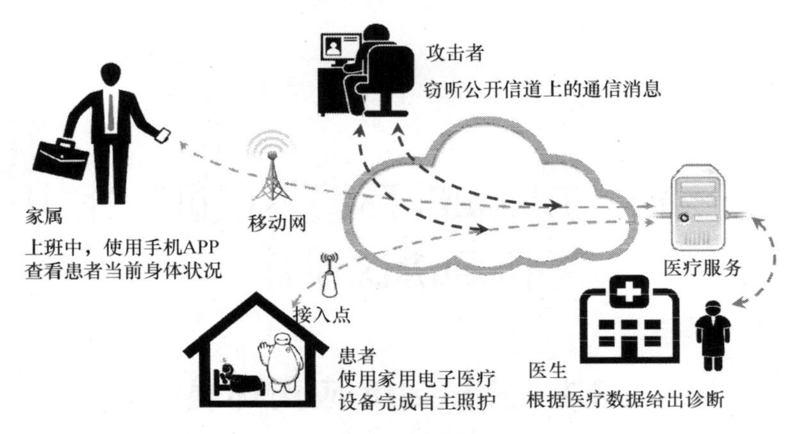

图 3-1　E-health 潜在威胁示意图

随后，基于生物特征的认证与密钥协商方案相继提出。Ali 和 Pal[46]及 Dhillon 和 Kalra[47]利用生物特征的独特性来构造多因子认证机制，以实现 E-health 中通信双方身份的有效认证。Miao 等[48]采用模糊保险箱(fuzzy vault)技术，提出了一个基于生理信号的密钥分配方案。Koptyra 和 Ogiela[49]对基于模糊保险箱的机密信息隐藏进行了研究。Adamovic 等[50]对采用模糊承诺(fuzzy commitment)技术构造加密秘钥的方法进行了探讨。Das[51]通过引入模糊提取器(fuzzy extractor)，构建了一个基于生物特征的用户认证协议。然而，现有的基于生物密码技术的协议构建方法中，基于生物特征的多因子方法需要智能卡或类似设备的辅助，且要假设存在合适的生物哈希函数。模糊保险箱方法的安全模板长度大，通信开销大，模糊承诺方法不能有效抵抗密钥逆转攻击，模糊提取器方法不能抵抗多重模板攻击。

尽管认证与密钥协商协议一直在不断地被改进，具有了更好的安全性和执行效率，但是 E-health 环境不同于其他传统应用，现有的大多数认证与密钥协商协议仍因高额的计算开销而不能直接应用于实际场景中。在 E-health 中，通信的主体是计算能力、存储能力、电量都十分有限的低能耗医疗传感设备。较高的计算复杂度将导致耗电量激增，设备的运行效率将会降低，可使用的时间将会缩短。为了解决这一问题，基于对称加密机制或基于哈希技术的认证与密钥协商协议相继提出。然而，与基于公钥密码体制的认证与密钥协商协议相比，上述基于非公钥的协议难以具备用户匿名及完美前向安全。Li 和 Hwang 仅采用哈希算法，构建了一个三因子的认证协议[52]。然而，Li 等[53]指出该方案存在遭受中间人攻击的可能。Das 进一步分析了 Li 和 Hwang 提出的协议[52]存在的安全性问题，并提出了一个新的基于生物信息的认证协议[54]。然而，Ibjaoun 指出 Das 的方案易于遭受内部攻击、口令猜测攻击及假冒攻击，并提出了一个改进协议[55]。随后，Khan 和 Kumari[56]证明了 Ibjaoun[55]提出的协议同样不能抵抗口令猜测攻击，且该协议还存在其他的安全性问题，如不能提供双向认证和用户匿名性。

近几年，一些采用生物哈希算法的认证与密钥协商协议[57-58]被提出，试图在确保安全性的前提下降低能耗。Wang 和 Wang[59]对基于对称加密机制和哈希技术的认证与密钥协商协议进行了分析，并证明了仅采用对称算法的轻量级双因子认证与密钥协商协议无法具备用户匿名性。此外，若智能卡中存储了用于口令验证值，那么针对智能卡的盗取攻击可能会破坏整个协议，必须采用公钥机制保证前向安全。然而，大多公钥算法尚无法适用于低能耗的医疗传感设备。为了解决该问题，学者提出采用轻量级的三因子认证技术，构建适用于 E-health 的认证与密钥协商协议。然而现有的大多数基于三因子的认证与密钥协商协议中，有些协议将生物特征模板直接存储于智能卡中，有些协议直接在不安全的信道上传输生物特征模板。这类认证与密钥协商协议中，生物特征模板没有受到有效的保护，攻击者可以轻易地获取用户的生物特征模板。若攻击者得到了存储有用户生物特征模板的智能设备，那么他就可以通过侧信道攻击或逆向工程的方法提取生物特征模板，或通过窃听无线通信信道的方式，轻易获得以明文方式传输的的生物特征信息。因此，在构建适用于 E-health 的认证密钥与密钥协商协议时，还应充分考虑用户的隐私保护，如用户真实身份、用户的生物特征信息的保护。

3.2　基于生物的轻量级认证与密钥协商协议设计

为了有效降低医疗传感设备的计算开销，满足 E-health 环境低能耗的需求，本节提出一个基于生物的轻量级的认证与密钥协商协议。本节提出的协议仅采用了哈希函数和生物哈希函数，有效降低了认证与密钥协商所需的能耗。

3.2.1　协议设计思想

在降低计算开销的同时，为了保证协议的安全性，提出的基于生物的轻量级认证与密钥协商协议引入了动态验证列表来实现医疗传感设备与服务器之间的快速认证和密钥协商。接下来，对提出的基于生物轻量级认证与密钥协商协议的设计思想，特别是动态验证列表的构造进行详细描述。

传统的验证列表一般由用户身份和口令两大部分组成，通常存储在服务器端用于对用户身份的有效验证。为了增强安全性，验证表中存储的用户口令常采用某种方式进行保护，如对用户口令进行哈希操作等。为了有效验证用户的身份，用户登录服务器时，需要将自己的身份信息和口令信息(如口令的哈希值)发送给服务器进行验证，从而证明用户的合法身份。服务器接收到用户登录请求后，将在其存储的验证列表中查找与接收到的用户身份和口令信息相对应的信息。如果在验证列表中存在与接收到的用户身份和口令信息相同的匹配值，那么服务器就认为该用户为合法用户。这种传统的验证列表，存在的最大隐患就是易于遭受盗取验证列表攻击和内部特权攻击，一旦攻击者获取了存储在服务器端的验证列表，他就有可能假冒合法用户绕过服务器的认证，成功登录服务器。此外，如果用户在每次登录中都发送其用户名，还会造成用户身份信息的泄露，使得攻击者可以获取用户的身份信息并实施相应的攻击。为了克服传统验证列表存在的安全隐患，本节提出动态验证列表的思想，用来回避上述安全风险，为用户提供匿名和不可追踪。

动态验证列表的设计如图 3-2 所示。在提出的认证与密钥协商协议中，用户的登录请求消息由生物信息 B_i 和高熵随机数 r_i 异或构成。其中，生物信息 B_i 为用户登录时扫描的生物信息，高熵随机数 r_i 则需从智能卡存储的机密信息中进行提取。此外，用户端还会提取一个随机数 r_j，用于根据 $f(\cdot)$ 计算出动态字符串 $f(r_j)$。其中，$f(\cdot)$ 为单向抗碰撞的算法。当医疗服务器接收到登录请求后，它将在数据库中查找是否存在匹配的动态字符串。如果存在匹配字符串，医疗服务器将取出对应的生物信息 $T_i\oplus r_i$，并将该信息与接收到的生物信息 $B_i\oplus r_i$ 进行比较。若对比结果超出了预先设定的阈值，医疗服务器认为该请求用户不合法，将终止本次会话。否则，医疗服务器将生成新的高熵随机数 r_j'，并使用 $f(r_j')$ 替换验证列表中的 $f(r_j)$。同时，用户端也同步用 r_j' 替换 r_j，完成整个动态认证过程。为了有效保护用户的生物信息、$B_i\oplus r_i$ 和 r_j'，在认证与密钥协商过程中均以加密方式进行传输。

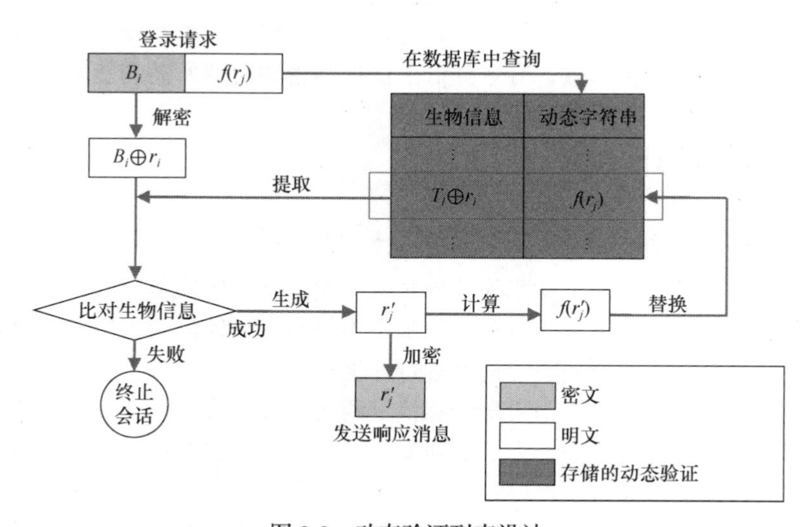

图 3-2　动态验证列表设计

提出的动态验证列表机制中，生物信息在传输过程中由哈希函数或生物哈希函数保护，且医疗服务器端可以实现对加密生物信息的有效验证，从而在整个认证与密钥协商过程中实现了对用户生物特征信息的有效保护。即使攻击者获取了医疗服务器端数据库中存储的动态验证列表，他也不能获取用户的生物信息。此外，在每轮认证与密钥协商过程中，用户成功登录后会生成一个新的高熵随机数，使得每轮发送的消息都不相同，因而，攻击者无法判断两次会话是否来自同一个用户。所以，基于提出的动态验证列表思想构造认证与密钥协商协议，不仅能克服传统验证列表的缺陷，还能实现用户身份信息和生物信息的有效保护。

3.2.2 协议设计

提出的基于生物的轻量级认证与密钥协商协议包括三个阶段，分别为注册阶段、登录阶段和认证与密钥协商阶段。表 3-1 提出了认证与密钥协商协议中用到的符号及这些符号相应的说明。

表 3-1　符号及其说明

符号	说明
U_i	参与认证的第 i 个用户
S	医疗服务器
ID_i, PW_i	用户 U_i 的身份和口令
T_i, B_i	U_i 的生物信息模板及生物信息
s	医疗服务器 S 的主密钥
ID_{SC}	智能卡的身份
r_x	高熵随机数
C_j	认证中传输的第 j 个消息
$h(\cdot)$	安全的单向哈希函数
$h_{Bio}(\cdot)$	安全的生物哈希函数
Δ	生物数据的匹配函数，对比两个字串的差异是否在超过阈值
$\oplus$	异或操作符
$\|\|$	串接操作
$f(\cdot)$	动态字符串生成算法

1. 注册阶段

当新用户 U_i 向医疗服务器 S 提出注册请求时，用户 U_i 与医疗服务器 S 执行下列操作完成注册过程，其详细过程如图 3-3 所示。

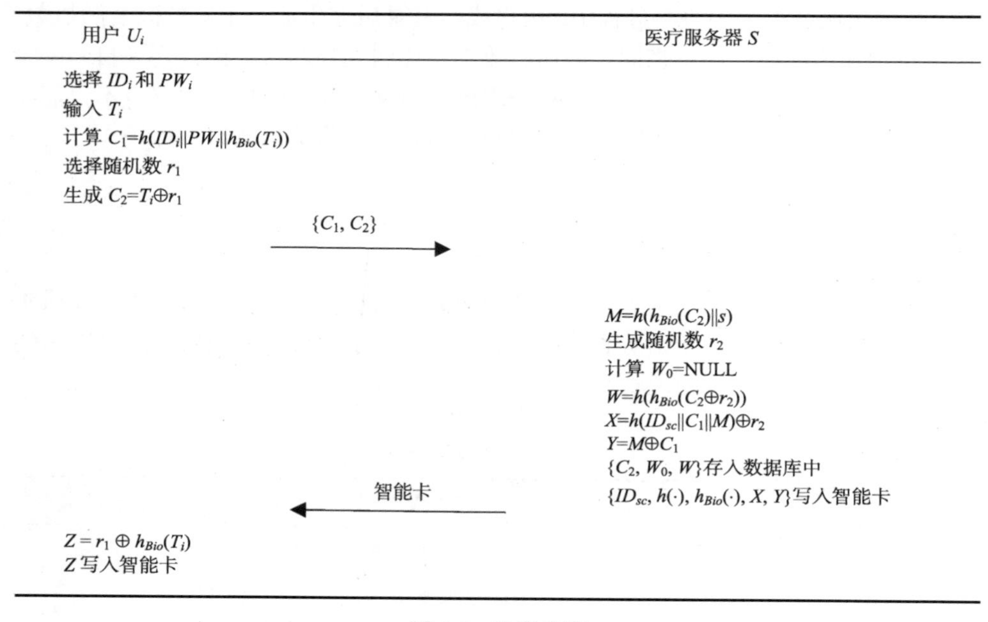

图 3-3　注册阶段

步骤 R1：用户 U_i 自由选取用户名 ID_i 和用户口令 PW_i，并在安全的终端设备上输入自己的生物信息 T_i 作为用户 U_i 的生物模板。然后，用户 U_i 计算 $C_1=h(ID_i\|PW_i\|h_{Bio}(T_i))$，并选取高熵随机数 r_1，生成 $C_2=T_i\oplus r_1$。最后，用户 U_i 通过安全方式将信息$\{C_1, C_2\}$发送给医疗服务器 S。

步骤 R2：当医疗服务器 S 接收到用户 U_i 发送的注册请求信息后，它采用自己的主密钥 s 和接收到的信息 C_2 计算 $M=h(h_{Bio}(C_2)\|s)$。接下来，医疗服务器 S 选取高熵随机数 r_2，并计算 $W= h(h_{Bio}(C_2\oplus r_2))$, $X=h(ID_{sc}\| C_1\|M)\oplus r_2$ 和 $Y=M\oplus C_1$。然后，医疗服务器 S 将信息$\{C_2, W_0, W\}$存储在自己的数据库中，并将信息$\{ID_{sc}, h(\cdot), h_{Bio}(\cdot), X, Y\}$写入智能卡中。最后，医疗服务器 S 将智能卡通过安全方式发送给用户 U_i。

步骤 R3：用户 U_i 接收到智能卡后，将计算得到的 $Z=r_1\oplus h_{Bio}(T_i)$写入智能卡中，此时，智能卡中的信息为$\{ID_{sc}, h(\cdot), h_{Bio}(\cdot), X, Y, Z\}$，注册过程完成。

2. 登录阶段

当用户 U_i 需要获取医疗服务器 S 的服务时，将执行如下步骤来登录医疗服务

器 S。

步骤 L1：用户 U_i 输入他的用户名 ID_i 和口令 PW_i，并扫描用户 U_i 的生物信息 B_i。

步骤 L2：用户 U_i 选取一个高熵随机数 r_3，并采用存储在智能卡中的信息计算 $C_1^*=h(ID_i\|PW_i\|h_{Bio}(B_i))$、$M^*=Y\oplus h(C_1^*)$、$r_2^*=X\oplus h(ID_{SC}\|C_1^*\|M^*)$和 $r_1^*=Z\oplus h_{Bio}(B_i)$。

步骤 L3：智能卡计算 $C_3=h_{Bio}(B_i\oplus r_1^*\oplus r_2^*)$、$C_4=B_i\oplus r_1^*\oplus h(M^*\|r_3)$ 和 $C_5=r_3\oplus h_{Bio}(B_i\oplus r_1^*)$，并将信息$\{C_3,C_4,C_5\}$ 发送给医疗服务器 S。

3. 认证与密钥协商阶段

当医疗服务器 S 接收到登录请求后，用户 U_i 和医疗服务器 S 执行如下操作完成相互认证，并协商出共享会话密钥 SK，具体步骤如图 3-4 所示。

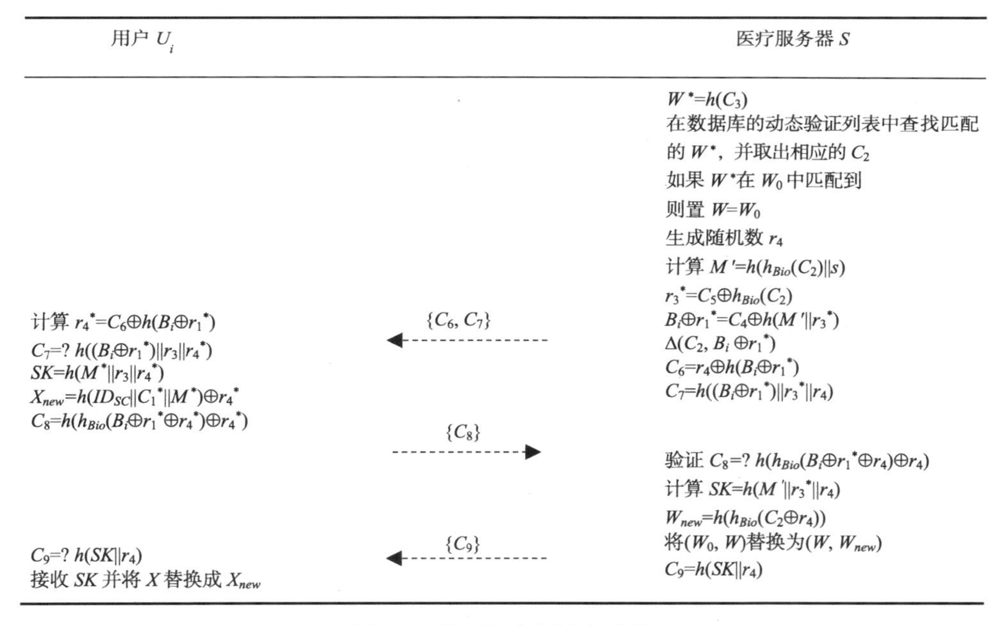

图 3-4　认证与密钥协商阶段

步骤 A1：医疗服务器 S 在接收到用户 U_i 发送的信息$\{C_3,C_4,C_5\}$后，计算 $W^*=h(C_3)$。然后，医疗服务器 S 在动态验证列表中查找 W^*，并取出相应的 C_2。具体查表过程如图 3-5 所示，医疗服务器 S 首先在“动态字符串(W)”列中进行查找，如果找到了与 W^*相等的值，则将其对应的“生物身份信息(C_2)”列中存储的 C_2 值取出来。否则，医疗服务器 S 将继续在“动态字符串(W_0)”列中进行查找，如果在这一列中找到了相同的值，医疗服务器 S 将取出该值对应的 C_2 值，并将 W

的值替换为 W_0。如果仍然没有找到相匹配的值，医疗服务器 S 将拒绝用户 U_i 的登录请求。否则，医疗服务器 S 选择一个高熵随机数 r_4，并计算 $M'=h(h_{Bio}(C_2)\|s)$、$r_3^*=C_5\oplus h_{Bio}(C_2)$ 和 $B_i\oplus r_1^*=C_4\oplus h(M'\|r_3^*)$。

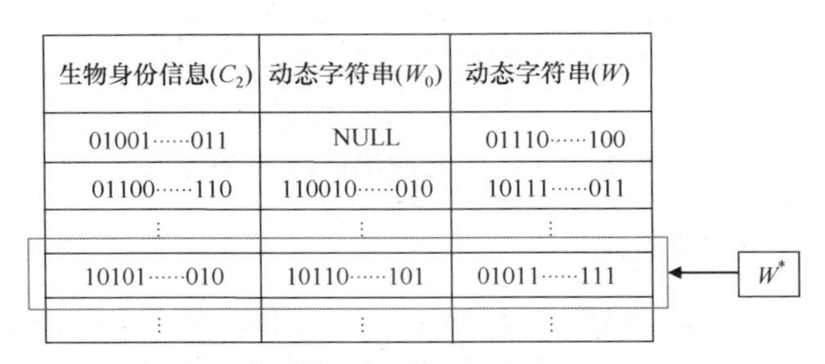

生物身份信息(C_2)	动态字符串(W_0)	动态字符串(W)
01001……011	NULL	01110……100
01100……110	110010……010	10111……011
⋮	⋮	⋮
10101……010	10110……101	01011……111
⋮	⋮	⋮

图 3-5　动态验证列表查询示意图

步骤 A2：医疗服务器 S 对比 $B_i\oplus r_1^*$ 和 C_2 的值，判断该结果是否在预先设定的阈值内。如果比对结果超出了阈值，医疗服务器 S 将终止当前会话。否则医疗服务器 S 计算 $C_6=r_4\oplus h(B_i\oplus r_1^*)$ 和 $C_7=h((B_i\oplus r_1^*)\|r_3^*\|r_4)$，并将计算结果 $\{C_6, C_7\}$ 发送给用户 U_i。

步骤 A3：当用户 U_i 接收到医疗服务器 S 发送的消息 $\{C_6, C_7\}$ 后，将计算 $r_4^*=C_6\oplus h(B_i\oplus r_1^*)$，并验证等式 $C_7=?h((B_i\oplus r_1^*)\|r_3\|r_4^*)$ 是否成立。如果等式成立，用户 U_i 将计算会话密钥 $SK=h(M^*\|r_3\|r_4^*)$ 和新的 X 值 $X_{new}=h(ID_{SC}\|C_1^*\|M^*)\oplus r_4^*$。然后，用户 U_i 发送确认消息 $C_8=h(h_{Bio}(B_i\oplus r_1^*\oplus r_4^*)\oplus r_4^*)$ 给医疗服务器 S。

步骤 A4：当医疗服务器 S 接收到用户 U_i 发送的确认信息 $\{C_8\}$ 后，它将比较 $h(h_{Bio}(B_i\oplus r_1^*\oplus r_4)\oplus r_4)$ 的值和接收到的 C_8 的值是否相同。如果相同，医疗服务器 S 将接受会话密钥 $SK=h(M'\|r_3^*\|r_4)$ 为它和用户 U_i 之间的共享会话密钥，并计算新的 W 值 $W_{new}=h(h_{Bio}(C_2\oplus r_4))$。最后，医疗服务器 S 用 (W, W_{new}) 替代 (W_0, W)，并计算确认信息 $C_9=h(SK\|r_4)$ 发送给用户 U_i。

步骤 A5：用户 U_i 收到医疗服务器 S 发送的确认信息 $\{C_9\}$ 后，将比较 C_9 与 $h(SK\|r_4)$，来验证 C_9 的合法性。如果相等，用户 U_i 将接受 $SK=h(M'\|r_3^*\|r_4)$ 为他与服务器 S 之间的共享会话密钥，并用 X_{new} 替代智能设备中存储的 X。若该验证过程失败或用户 U_i 没有在规定的时间内接收到确认消息，该会话将被终止，并重新启动新的会话。

最终，用户 U_i 和医疗服务器 S 完成了相互认证并安全地协商出一个共享的会话密钥 SK。令 SK_u 为用户 U_i 生成的会话密钥，SK_s 表示医疗服务器 S 生成的会话密钥。假定用户 U_i 与医疗服务器 S 均是合法的，由下面的推导过程可知，等式 $SK_u=SK_s$ 成立。

$$
\begin{aligned}
SK_u &= h(M^* \| r_3 \| r_4^*) \\
&= h(Y \oplus C_1^* \| r_3 \| C_6 \oplus h(B_i \oplus r_1^*) \\
&= h(M \oplus C_1 \oplus C_1^* \| r_3 \| r_4 \oplus h(B_i \oplus r_1^*) \oplus h(B_i \oplus r_1^*)) \\
&= h(M \| r_3 \| r_4) \\
&= h(M \| r_3 \oplus h_{Bio}(B_i \oplus r_1^*) \oplus h_{Bio}(T_i \oplus r_1^*) \| r_4) \\
&= h(h(\mathrm{h}_{\mathrm{Bio}}(C_2) \| s) \| C_5 \oplus h_{\mathrm{Bio}}(C_2) \| r_4) \\
&= h(M' \| r_3^* \| r_4) \\
&= SK_s
\end{aligned}
$$

3.2.3　安全性分析

本节对提出的认证与密钥协商协议进行安全性分析，并在随机语言机模型下证明提出的协议的安全性。

1. 安全模型

本节给出认证与密钥协商协议安全证明所采用的安全模型。基于口令的认证与密钥协商协议的安全模型是由 Bellare 等[60]提出的。本节对其模型进行了扩展，使其能适用于证明基于三因子的认证与密钥协商协议的安全性。基于 Abdalla 等的 Real-or-Random 模型[61]，增加了一些新的问询规则，这些规则的定义如下。

参与者：令 U 为所有用户的集合，S 为服务器的集合。全部参与者的集合 P 为 U 和 S 的合集。符号 u 代表 U 的一个实例，s 表示 S 的一个实例。任意参与者集合 P 的实例 p 为一个预言。

伙伴关系：会话标识符(sid)在实际的认证与密钥协商会话中都是各不相同的。如果会话双方 u 和 s 有相同的非空会话标识符(sid_u)，则 u 和 s 具有伙伴关系。

攻击者：本安全模型中的攻击者 A 具有多项式时间计算能力。攻击者的能力由以下问询定义。

Execute(u, S)：本问询模拟被动窃听攻击，返回 u 和 s 之间在最后一次认证与密钥协商会话中所传输的全部消息的副本。

Send(p, m)：在本问询中，攻击者发送给 p 一个消息 m 并接收 p 的返回消息。该问询模拟主动攻击形式，如重放攻击、篡改攻击、伪造攻击等。

CorruptSC(u)：该问询返回当前 u 的智能卡中存储的所有信息，模拟了诸如拥有智能卡的离线词典攻击和智能卡丢失攻击。

CorruptDB(s)：攻击者发起这一问询后，当前 s 数据库中存储验证列表的信息将发送给攻击者。该问询模拟了盗取验证列表攻击。

需要注意的是，在 *CorruptSC* 与 *CorruptDB* 中，若智能卡中存储内容是动态变化的，智能卡中曾经存储过的信息将不会发送给攻击者。

Test(*u*/*S*)：在 *Test* 问询中，会话密钥的语义安全由抛掷一枚光滑均匀的硬币 *b* 定义。实例 *u* 首先抛掷硬币以决定 *b* 的取值，该值对攻击者保密。如果 b=0，实例 *u* 将返回一个完全随机的二进制字符串。如果 b=1，*u* 将返回当前的会话密钥 *SK* 给攻击者。如果攻击者尝试问询了多次 *Test*，输出结果应当由同一个 *b* 值决定。

Hash(x, $h(x)$)：*Hash* 预言机维护一个$\{x, h(x)\}$的列表。当攻击者以 x 进行问询时，若 x 值存在，则返回对应的 $h(x)$给攻击者。若 x 值不存在，则返回一个均匀的随机字符串 k 给攻击者，并将$\{x, k\}$存入表中。

Biohash(x, $h_{Bio}(x)$)：当攻击者以 x 进行问询时，*Biohash* 依次比对表中所有的 x^*值，查找是否存在一个 x^*，它与 x 之间的差异在门限范围内。若存在这样的 x^*，则返回对应的 $h_{Bio}(x^*)$给攻击者。若不存在，则返回一个均匀的随机字符串 k 给攻击者，并将$\{x, k\}$存入表中。

语义安全：根据以上问询，攻击者 *A* 可通过一系列游戏与任意实例进行交互来帮助其猜测 *b* 的值。如果 *A* 猜测正确，该协议不具备语义安全，反之则具备语义安全。令 *Succ* 表示事件 *A* 在游戏中获胜，则 *A* 获胜的语义安全的优势为 $Adv^{ake}(\boldsymbol{A})=|2\cdot\Pr[Succ]-1|$。若 $Adv^{ake}(\boldsymbol{A})$可被忽略，则该协议在定义的安全模型下是语义安全的。

2. 安全性证明

本节将基于上述随机预言模型证明提出协议的安全性。

令 D_1、D_2 和 D_3 分别为用户登录名、用户口令及生物模板的非均匀分布的词典。$|D_1|$、$|D_2|$和$|D_3|$分别为 D_1、D_2 和 D_3 的词典空间大小，则有

$$Adv^{ake} \leqslant \frac{q_h^2}{|H_1|} + \frac{q_b^2}{|H_2|} + \max\left\{\frac{2q_s}{|D_1|\cdot|D_2|\cdot|D_3|}, \frac{q_t}{2^{l-1}\cdot|T|}\right\} \tag{3.1}$$

式中：q_h、q_b 和 q_s 分别为 *Hash* 问询、*Biohash* 问询和 *Send* 问询的次数；$|H_1|$、$|H_2|$和$|T|$分别为 *Hash* 列表、*Biohash* 列表和服务器验证列表的大小；q_t 为 *A* 尝试猜测服务器私钥的次数。从实际应用角度，$|D_3|$与$|D_1|$和$|D_2|$相比，要大很多。

证明：令 $Succ_i$ 表示事件攻击者 *A* 赢得游戏 G_i。在每个游戏中，*A* 会猜测在游戏 G_0 前选定的 *b*。

游戏 G_0：本游戏模拟攻击者 *A* 对协议的一次真实攻击。根据上述定义，有

$$Adv^{ake}(A) = |2\cdot\Pr[Succ_0] - 1| \tag{3.2}$$

游戏 G_1：攻击者 *A* 为了增加赢的概率，用 *Execute*(*u*, *S*)问询模拟被动窃听攻击。然后，*A* 将猜测 *Test*(*u*/*S*)中的 *b*。由于会话密钥 *SK* 是由 *M*、r_3 和 r_4 构成的，*A* 需要

从消息$\{C_3, C_4, \cdots, C_9\}$中获取这些值。由于 $M=Y\oplus h(ID_i\|PW_i\|h_{Bio}(B_i))=h(h_{Bio}(C_2)\|s)$、$r_3=C_5\oplus h_{Bio}(C_2)$且 $r_4=C_6\oplus h(B_i\oplus r_1)$，$A$ 在不知道智能卡或验证列表中的信息的情况下，将无法正确计算 M、r_3 和 r_4。攻击者 A 仍然不知道用户的登录名 ID_i、口令 PW_i、生物信息 T_i 及 B_i 和服务器的主密钥 s。因此，与游戏 G_0 相比，被动窃听攻击不能给攻击者 A 带来任何的优势，则有

$$\Pr[Succ_1] = \Pr[Succ_0]. \tag{3.3}$$

游戏 G_2：本游戏通过增加 *Send* 问询，来模拟主动攻击。攻击者 A 需要进行 *Hash* 问询和 *Biohash* 问询来伪造消息。由于所有消息中均含有不同的高熵随机数或生物信息，在 *Hash* 问询及 *Biohash* 问询过程中不会出现碰撞的情况。根据生日碰撞理论，有

$$\left|\Pr[Succ_2]-\Pr[Succ_1]\right| \leqslant q_h^2/2\cdot|H_1|+q_b^2/2\cdot|H_2| \tag{3.4}$$

游戏 G_3：本游戏中，攻击者 A 进行 *CorruptSC* 问询及 *CorruptDB* 问询。游戏 G_3 是由游戏 G_2 转换而来，分两种情况讨论。

情况 1：攻击者 A 通过 *CorruptSC* 问询获得了用户智能卡内的信息 ID_{SC}、X、Y 和 Z。然后攻击者 A 试图用 D_1、D_2 和 D_3 中可能的登录名、口令信息和生物信息进行词典攻击。由于整个词典攻击的规模为$|D_1|\cdot|D_2|\cdot|D_3|$，超出了攻击者的计算能力，该词典攻击并不可行，则有

$$\left|\Pr[Succ_3]-\Pr[Succ_2]\right| \leqslant q_s/|D_1|\cdot|D_2|\cdot|D_3| \tag{3.5}$$

情况 2：攻击者 A 通过 *CorruptDB* 问询来模拟盗取验证列表攻击。在获得服务器存储在数据库中的验证列表$\{C_2, W_0, W\}$后，攻击者 A 尝试列表中所有的 C_2 来计算 $M=h(h_{Bio}(C_2)\|s)$、$C_4^*=C_2\oplus h(M\|r)$和 $C_5^*=r\oplus h_{Bio}(C_2)$，其中 r 是攻击者 A 生成的随机数。攻击者 A 进行在线的词典攻击，并将 C_3^*交由 *Biohash* 问询。然后，攻击者 A 进行 $Send(s, \{C_3^*, C_4^*, C_5^*\})$问询。攻击者 A 使用 l 比特长的随机字符串替换服务器的主密钥 s，则有

$$\left|\Pr[Succ_3]-\Pr[Succ_2]\right| \leqslant q_r/2^l\cdot|T| \tag{3.6}$$

在游戏 G_3 中，攻击者 A 可在情况 1 和情况 2 中任选其一执行。从游戏 G_0 到游戏 G_3，攻击者 A 已模拟了全部问询。除了问询 *Test* 之外，攻击者 A 已没有其他选择只能在最后一轮游戏中直接猜测 b。因此

$$\Pr[Succ_3] = 1/2 \tag{3.7}$$

结合式(3.2)～式(3.5)及式(3.7)，有

$$Adv^{ake} \leqslant \frac{q_h^2}{|H_1|}+\frac{q_b^2}{|H_2|}+\frac{2q_s}{|D_1|\cdot|D_2|\cdot|D_3|}$$

且结合等式(3.2)～式(3.3)及式(3.6)～式(3.7)，有

$$Adv^{ake} \leqslant \frac{q_h^2}{|H_1|} + \frac{q_b^2}{|H_2|} + \frac{q_t}{2^{l-1} \cdot |T|}$$

综上所述

$$Adv^{ake} \leqslant \frac{q_h^2}{|H_1|} + \frac{q_b^2}{|H_2|} + \max\left\{\frac{2q_s}{|D_1| \cdot |D_2| \cdot |D_3|}, \frac{q_t}{2^{l-1} \cdot |T|}\right\}$$

由于$|H_1|$、$|H_2|$、$|D_1|\cdot|D_2|\cdot|D_3|$和 $2^{l-1}\cdot|T|$的计算时间已超出了多项式时间，攻击者不能以不可忽略的优势猜测出 b。所以，提出的认证与密钥协商协议在该安全模型下是语义安全的。

3. 已知攻击的安全性分析

本节对提出的认证与密钥协商协议是否能有效抵抗已知攻击进行分析。对已在随机预言机模型分析中讨论过的攻击，如重放攻击、假冒攻击等，在本节不再讨论。

1) 提出的协议可以有效抵抗中间人攻击

在提出的协议中，只有在用户 U_i 和医疗服务器 S 完成相互认证后才会生成共享会话密钥 SK。为了构建一个与医疗服务器 S 独立的连接，攻击者 A 需要发送一个合法的登录请求信息$\{C_3, C_4, C_5\}$，从而通过医疗服务器 S 的身份验证。然而，在不知道 C_3 和 $B_i \oplus r_1$ 的情况下，攻击者 A 无法构造合法的 C_3、C_4 和 C_5。如果攻击者 A 构造了一个不合法的 C_3'，则医疗服务器 S 无法通过 $W'=h(C_3')$在验证列表中查找到相应的 C_2，这种情况下医疗服务器 S 将会发现该攻击，并拒绝该非法登录请求。即使攻击者 A 构造出了一个合法的 C_3，医疗服务器 S 也能通过对比 $B_i \oplus r_1^*$ 和认证列表中提取的 C_2 值，发现该攻击。这是因为，在不知道用户 U_i 的生物信息 B_i 及医疗服务器 S 的主密钥 s 情况下，攻击者 A 不能生成合法的 C_4 和 C_5 来通过医疗服务器 S 的认证。同理，攻击者 A 也不能与用户 U_i 建立一个独立的连接。因为攻击者 A 不知道 $B_i \oplus r_1^*$ 和 r_3 的值，所以他不能生成有效的 C_6 和 C_7 来通过用户 U_i 的认证。因此，提出的协议可以有效抵抗中间人攻击。

2) 提出的协议可以有效抵抗无智能卡的离线词典攻击

假设攻击者 A 截获了用户 U_i 与医疗服务 S 之间传输的所有信息并发起了离线的词典攻击。由于传输的信息$\{C_3, C_4\cdots, C_9\}$中并不包含用户 U_i 的口令信息 PW_i，攻击者 A 不能利用其获取的信息$\{C_3, C_4\cdots, C_9\}$来判断其猜测的用户口令是否正确。因此，攻击者 A 不能成功地执行离线的词典攻击。所以，提出的协议可以有效抵抗无智能卡的离线词典攻击。

3) 提出的协议可以有效抵抗有智能卡的离线词典攻击

假设攻击者 A 截获了用户 U_i 与医疗服务器 S 之间传输的所有信息，并获取

了用户 U_i 智能卡中的所有信息$\{ID_{SC}, h(\cdot), h_{Bio}(\cdot), X, Y, Z\}$，然后发起了离线词典攻击。与无智能卡的离线词典攻击相比，攻击者 A 在有智能卡的离线词典攻击中，额外拥有的信息是存储在智能卡中的信息$\{ID_{SC}, h(\cdot), h_{Bio}(\cdot), X, Y, Z\}$。此时，攻击者 A 想要获取用户 U_i 的口令 PW_i，他需要从 X 或 Y 中提取信息 C_1。由于信息 C_1 由高熵随机数 r_2、秘密信息 M 及单向哈希函数保护，攻击者 A 无法正确地提取 C_1。此外，在不知道秘密信息 $M=h(h_{Bio}(C_2)\|s)$的情况下，攻击者 A 也不能从 Y 中正确地提取 C_1。即使攻击者 A 获取了 $C_1=h(ID_i\| PW_i\|h_{Bio}(T_i))$，他在不知道用户 U_i 的生物数据 T_i 和身份信息 ID_i 的情况下，也不能正确地猜测出用户 U_i 的口令 PW_i。因此，提出的协议能有效抵抗有智能卡的离线词典攻击。

4) 提出的协议可以有效抵抗盗取验证列表攻击

在提出的协议中，动态验证列表存储在医疗服务器 S 的数据库中，该列表包含三组信息分别为 $C_2=T_i\oplus r_1$、$W=h(h_{Bio}(T_i\oplus r_1\oplus r_2))$及 W_0。其中，W_0 的值或为 NULL 或等于 W 的值。假设攻击者 A 获取了动态验证列表，他试图猜测医疗服务器 S 的主密钥 s'，并采用窃听到的信息 C_4 和 C_5 来计算列表中的每一个 $C_2'=C_4\oplus h(h((h_{Bio}(C_2)\|s')\|C_5\oplus h_{Bio}(C_2))$，从而判断计算的 C_2'值和相应的 C_2 值之差是否在阈值内。然而，攻击者 A 将会失败，这是因为医疗服务器 S 的主密钥 s 是一个长度为安全参数 l 的高熵随机数。此外，根据后面“生物特征保护”中的分析，即使攻击者获取了动态验证列表，也无法获取用户的生物信息。因此，提出的协议能有效抵抗盗取验证列表攻击。

5) 提出的协议可以有效抵抗内部攻击

由于生物特征信息 B_i 自身的性质，任何一个恶意的合法用户都不能假冒其他用户登录医疗服务器 S。此外，医疗服务器 S 数据库中存储的动态的验证列表不包含用户的任何口令和生物信息。即使攻击者获取了整个验证列表，用户的口令和生物信息也不会泄露。因此，提出的协议可以有效抵抗内部攻击。

6) 提出的协议可以有效抵抗去同步化攻击

在提出的协议中，医疗服务器 S 计算出会话密钥 SK 之后，将发送确认信息 C_9 给用户 U_i。如果用户 U_i 接收到了该确认信息，他将计算得到的 SK 作为他与医疗服务器 S 的共享会话密钥密钥进行存储。如果确认信息 C_8 或 C_9 受到了阻塞，用户 U_i 在预先设定的时间内将不会接收到确认信息 C_9。此时，用户 U_i 将删除计算得到的 SK，并重启登录和认证过程。在重启认证过程中，医疗服务器 S 将在动态认证列表中搜索 W^*，并采用 W_0 来进行匹配，从而得到相应的 C_2。因而，用户 U_i 和医疗服务器 S 可以在重启的认证过程中协商出一个共享会话密钥。所以，提出的协议可有效抵抗去同步化攻击。

7) 提出的协议具备已知密钥安全

在提出的协议中，会话密钥 $SK=h(M\|r_3\|r_4)$是由秘密信息 M、高熵随机数 r_3

和 r_4 构造得到的，其中高熵随机数 r_3 和 r_4 分别由用户 U_i 及医疗服务器 S 随机生成。由于在每轮会话过程中，高熵随机数 r_3 和 r_4 都不一样，提出的协议中每轮会话所产生的会话密钥也不一样。即提出的协议中，每轮会话密钥都是唯一的。因此，提出的方案具备已知密钥安全。

8) 提出的协议具备完美前向安全

提出协议采用了动态认证列表和更新智能卡中存储的秘密信息来实现完美前向安全。攻击者 A 只能获取当前值，而不能获取先前的值。当攻击者获取了用户 U_i 的口令 PW_i 和医疗服务器 S 的主密钥 s 时，他也不能正确地计算出秘密信息 $M=Y\oplus h(ID_i\|PW_i\|h_{Bio}(B_i))=h(h_{Bio}(C_2)\|s)$。这是因为攻击者 A 不知道用户 U_i 的生物特征信息 B_i，也不知道存储在医疗服务器 S 中的验证列表信息$\{C_2, W_0, W\}$。此外，攻击者 A 在不知道高熵随机数 r_3 和 r_4 的情况下，即使他获取了医疗服务器 S 数据库中存储的验证列表，也不能计算得到每轮的会话密钥 $SK=h(M\|r_3\|r_4)$。因此，提出的协议具备完美前向安全。

9) 提出的协议具备生物特征保护

在提出的协议中，只有用户自身能通过扫描获取其生物特征信息 B_i，且只有用户拥有其自身的生物特征信息。即任何人除了用户本身都不能获取其生物特征信息。在提出的协议中，与生物信息相关的值 $Z=r_1\oplus h_{Bio}(T_i)$存储在智能卡中，$C_2=T_i\oplus r_1$ 存储在医疗服务器 S 的数据库中。然而，攻击者 A 无法获取高熵随机数 r_1，除非他能提供正确的生物特征信息和$\{Z, C_2\}$中的一个值。此外，攻击者 A 也不能通过 Z 或 C_2 来获取用户的生物特征模 T_i，除非他知道高熵随机数 r_1。因此，提出的协议能有效保护用户的生物特征。

10) 提出的协议具备用户匿名和不可追踪性

基于生物特征的唯一性，在提出的协议中，采用生物特征和单向哈希函数来保护用户的真实身份，从而实现了用户匿名。此外，用户每次成功登录后，医疗服务器 S 会生成一个高熵随机数 r_4，该随机数将应用于下次登录过程中 $C_3=h_{Bio}(B_i\oplus r_1\oplus r_4)$和 $W=h_{Bio}(C_2\oplus r_4)$的构造中。此外，C_4 和 C_5 中的随机数 r_3 以及 C_6，C_7 和 C_8 中的随机数 r_4 在每一次会话过程中均不相同。因而，每一轮会话过程中传输的消息均不同，且毫无关联。因此，攻击者无法判断两次会话是否由同一用户发起。所以，提出的协议具备用户匿名和不可追踪性。

3.2.4 性能分析

本节将从安全性、计算量和通信量三方面，将本节提出的协议与四个基于三因子的相关协议[62-65]进行对比。

1. 安全性对比

表 3-2 给出了本节提出的协议与其他相关协议[62-65]在安全性方面的对比。本节提出的协议采用动态验证列表的设计，有效抵抗了盗取验证列表攻击和内部攻击。本节提出的协议实现了服务器端对加密生物信息的有效验证，从而在保护用户生物信息的前提下实现了服务器端的三因子验证。此外，本节提出的协议中，智能卡中存储的信息均含有高熵随机数,因而能有效抵御智能卡的离线词典攻击。即使用户的智能卡丢失了，也不会泄露用户的相关信息。本节提出的协议还通过高熵随机数和生物特征，实现了每轮会话过程中传输信息的不同和无关联性，从而在认证与密钥协商过程中实现了用户匿名和不可追踪。根据表 3-2，本节提出的协议与其他相关协议[62-65]相比，能有效抵抗多种已知攻击且具备更多的安全特征。其他相关协议[62-65]存在一些设计缺陷，不能满足所有的安全特性。Yeh 等提出的协议[62]不能抵抗假冒攻击、中间人攻击和去同步化攻击，不具备完美前向，不提供双向认证。Wu 等提出的协议[63]易于遭受内部特权攻击，不提供生物特征保护。Amin 等提出的协议[64]不能抵抗重放攻击和去同步化攻击，不具备完美前向安全性，不提供生物特征保护、用户匿名和不可追踪。Li 等提出的协议[65]中，在智能卡端存储了秘密信息 $V=h(ID\|h(PW\|h_{Bio}(BD)))$，因而不能抵抗有智能卡的离线词典攻击，且不提供生物特征保护。与上述相关协议[62-65]相比，本节提出的协议能抵抗多种已知攻击，并能提供多种 E-health 环境所需的安全特性，特别是在隐私保护方面能够提供用户生物特征保护和用户匿名与不可追踪性。因而，本节提出的协议相对于其他相关协议[62-65]而言，在安全性方面更适用于 E-health 环境。

表 3-2　本节提出的协议与其他相关协议的安全性对比

攻击和安全特征	Yeh 等提出的协议[62]	Wu 等提出的协议[63]	Amin 等提出的协议[64]	Li 等提出的协议[65]	本节提出的协议
抵抗重放攻击	Y	Y	N	Y	Y
抵抗假冒攻击	N	Y	Y	Y	Y
抵抗中间人攻击	N	Y	Y	Y	Y
抵抗口令猜测攻击	—	Y	Y	Y	Y
抵抗智能卡/设备丢失攻击	—	Y	Y	N	Y
抵抗在线/离线词典攻击	—	Y	Y	N	Y
抵抗盗取验证列表攻击	Y	Y	Y	Y	Y
抵抗内部特权攻击	Y	N	Y	Y	Y

续表

攻击和安全特征	Yeh 等提出的协议[62]	Wu 等提出的协议[63]	Amin 等提出的协议[64]	Li 等提出的协议[65]	本节提出的协议
抵抗去同步化攻击	N	Y	N	N	Y
具备完美前向安全	N	Y	N	Y	Y
具备双向认证	N	Y	Y	Y	Y
具备会话密钥安全	—	Y	Y	Y	Y
具备用户匿名性及不可追踪性	—	Y	N	Y	Y
具备生物特征保护	Y	N	N	N	Y
形式化安全性分析或证明	N	Y	Y	N	Y

注：Y 为能抵抗该攻击或提供该安全需求；N 为无法抵抗该攻击或不提供该安全需求；—为未证明或无须提供该安全特性。

2. 计算量对比

本节给出本节提出的协议与其他相关协议在计算量方面的对比。用户端的硬件实验设备配置为 Inter(R) Pentium(R) G630 处理器，主频为 2.70 GHz，内存为 4 GB。服务器端的硬件设备配置为 Inter(R) Core(TM) i5-3337U 处理器，主频为 1.80 GHz，内存为 4 GB。两台计算机连接于同一个交换机上，交换机型号为 H3C S1024R，带宽为 100 Mbit/s，用以模拟网络通信环境。采用 OpenSSL 库函数在上述环境中对本节提出的协议和相关协议[62-65]进行测试。对本节提出的协议和其他相关协议的登录及认证过程执行 100 次实验，取其平均结果。测试中，哈希函数采用 SHA-1 算法，生物哈希算法见文献[66]。所使用的符号定义如下。

T_h：执行一次安全哈希算法所需时间。

T_{bh}：执行一次生物哈希算法所需时间。

T_m：执行一次椭圆曲线点乘操作所需时间。

T_a：执行一次椭圆曲线点加操作所需时间。

T_e：执行一次对称加密操作的时间。

T_d：执行一次对称解密操作的时间。

T_x：执行一次模幂操作所需时间。

根据表 3-3，Li 等提出的协议[65]计算量最大。相比 Wu 等提出的协议[63]、Li 等提出的协议[65]和 Yeh 等提出的协议[62]，本节提出的协议有效降低了计算开销。此外，本节提出的协议与 Amin 等提出的协议[64]计算开销较小，单次执行时间分别为 0.0989 ms 和 0.0819 ms。这是由于本节提出的协议和 Amin 等提出的协议[64]只采用了哈希和生物操作，避免了耗时的公钥算法，从而实现了轻量级的协议设计目标。

表 3-3　本节提出的协议与其他相关协议计算量对比

协议	哈希和生物哈希操作	其他操作	执行时间/ms
Yeh 等提出的协议[62]	$3T_h$	$4T_m+12T_a$	3.4508
Wu 等提出的协议[63]	$12T_h+1T_{bh}$	$4T_m+2T_e+2T_d$	3.2252
Amin 等提出的协议[64]	$10T_h+1T_{bh}$	—	0.0819
Li 等提出的协议[65]	$10T_h+1T_{bh}$	$4T_x$	6.6610
本节提出的协议	$19T_h+4T_{bh}$	—	0.0989

如图 3-6 所示，Wu 等提出的协议[63]、Li 等提出的协议[65]和 Yeh 等提出的协议[62]的计算开销要远高于本节提出的协议和 Amin 等提出的协议[64]。从表 3-3 可知，上述计算开销较大的协议[62-63,65]均采用了耗时的操作，如模幂操作、椭圆曲线点乘操作等。因此，这些协议[62-63,65]并不适用于对能耗有严格要求的 E-health 应用环境。与 Amin 等提出的协议[64]相比，本节提出的认证与密钥协商协议的计算量略高，但本节提出的协议提供了更多的安全特征，如完美前向安全、相互认证、用户匿名和不可追踪。因此，本节提出的认证与密钥协商协议与其他相关协议[62-65]相比，更适用于 E-health 应用环境。

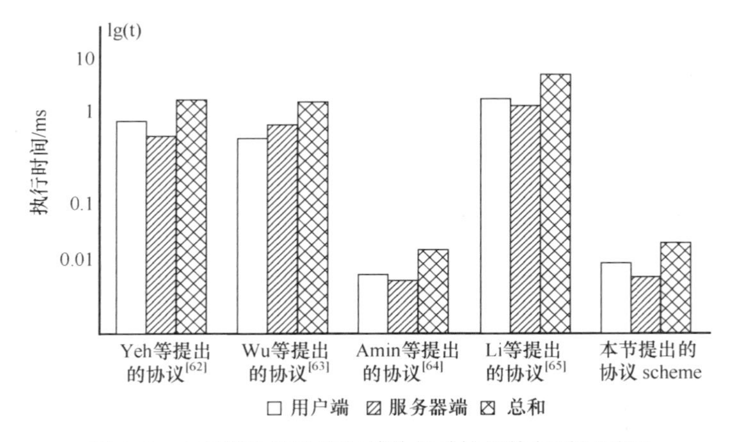

图 3-6　本节提出的协议与其他相关协议执行时间对比

3. 通信量对比

本节提出的认证与密钥协商协议与其他相关协议[62-65]的通信量对比见表 3-4。实验中，时间戳占用 4 B，32 bit；哈希函数的输出是 20 B，160 bit；生物哈希函数和模幂运算操作的输出为 32 B，256 bit；一个椭圆曲线的点为 64 B，512 bit。256 B 的 AES 的输出长度则基于明文输入的长度。根据表 3-4，Yeh 等提出的协议[62]通信量最高，需要 448 B。Amin 等提出的协议[64]通信量最小，为 132B。Wu 等提出的协议[63]和 Li 等提出的协议[65]的通信量分别为 200 B 和 144 B。本节提出的协议所需通信量为 164 B，比通信量最小的协议(Amin 等提出的协议[64])仅多了 32 B，对于 E-health 应用环境来说是可以接受的。

表 3-4　提出协议与其他相关协议通信量对比

协议	Yeh 等提出的协议[62]	Wu 等提出的协议[63]	Amin 等提出的协议[64]	Li 等提出的协议[65]	本节提出的协议
长度/B	448	200	132	144	164

本节提出了一个基于生物的轻量级认证与密钥协商协议。该协议采用了动态验证列表机制，在保护用户隐私的情况下，实现了用户与医疗服务器的快速认证和密钥协商。本节提出的认证与密钥协商协议在医疗服务器端实现了加密生物信息的有效验证，从而在保证用户生物信息的前提下实现了服务器端对三因子的有效认证。此外，本节提出的认证与密钥协商协议采用动态验证列表替代传统的认证列表，在有效抵抗盗取验证列表攻击的同时，实现了用户匿名和不可追踪。本节提出的认证与密钥协商协议仅采用了轻量级的哈希和生物哈希操作，从而有效降低了认证和密钥协商过程中的计算开销和通信开销。本节提出的认证与密钥协商协议与其他相关协议相比，不仅能耗低，能有效抵抗各种已知攻击，还提供了更多的安全特征。因此，本节提出的基于生物的轻量级认证与密钥协商协议适用于对能耗和隐私要求较高的 E-health 应用环境。

3.3　基于混沌映射的认证与密钥协商协议设计

本节针对 E-health 应用环境提出一种基于混沌映射的认证与密钥协商协议。由于执行一次切比雪夫混沌映射所需的时间与其他公钥操作，例如椭圆曲线点乘操作执行时间相比较快，相对于其他基于公钥的认证与密钥协商协议而言，基于混沌映射的认证与密钥协商协议在提供高安全性的前提下，能有效降低认证与密钥协商所需的计算开销，适用于 E-health 应用环境。

3.3.1 预备知识

1. 切比雪夫多项式

首先，简单回顾切比雪夫多项式的相关概念。切比雪夫多项式的具体细节，请参考文献[67]和文献[68]。

切比雪夫多项式 $T_n(x)$：当 $x\in(-\infty,+\infty)\rightarrow T_n(x)\in[-1,+1]$，$T_n(x)=(2xT_{n-1}(x)-T_{n-2}(x)) \bmod p$，$n$ 是一个整数，且 $n\geqslant 2$，$T_0(x)=1$，$T_1(x)=x$，p 是一个大素数。切比雪夫多项式满足半群性质：当 $u,v\in N$ $T_{uv}(x)=T_v(T_u(x))=T_u(T_v(x))$。

2. 数学困难问题

定义 1，混沌映射离散对数问题(chaotic map discrete logarithm problem，CMDLP)：给定 y 和 x，在概率多项式时间内找到一个整数 u，使得 $T_u(x)=y$ 在计算上是不可行的。

定义 2，切比雪夫混沌映射 Diffie–Hellman 问题(chaotic map computational Diffie–Hellman problem，CMCDHP)：给定 x、$T_u(x)$、$T_v(x)$，在概率多项式时间内使得 $T_{uv}(x)=y$ 在计算上是不可行的。

生日碰撞理论[69]：如果一个房间里有 23 个或 23 个以上的人，那么至少有两个人的生日相同的概率要大于 50%。这就意味着在一个典型的标准小学班级(30人)中，存在两人生日相同的可能性更高。对于 60 或者更多的人，这种概率要大于 99%。从引起逻辑矛盾的角度来说生日碰撞理论并不是一种悖论，从这个数学事实与一般直觉相抵触的意义上，它才称得上是一个悖论。大多数人会认为，23 人中有 2 人生日相同的概率应该远远小于 50%。

3. 网络模型

E-health 中包括三类实体，分别为用户、可信服务器和医疗服务器。用户可以是拥有智能设备的医生、患者亲属或患者本身。小型医疗传感设备通过佩戴或植入患者体内，实时监测患者的生物医学信号，如心电信号、脑电信号等。医疗传感设备将采集到的生物医学信号通过互联网发送给相应的医疗服务器。E-health 中，生物医学信号是通过不安全的互联网进行传输的，因此，传输的生物医学信息易于遭受恶意攻击。此外，用户的隐私信息也会泄露。所以，需要在 E-health 中构建安全的通信机制来保护生物医学信息在网络中的传输。

当多个用户与多个医疗服务器之间进行通信时，可信服务器可用于实现用户与医疗服务器之间的安全认证。如图 3-7 所示，用户可选择访问一个或多个远程医疗服务中心来获取相应的医疗服务。为了在用户和多个医疗服务器之间提供相互认证，需要可信服务器的参与来完成共享会话密钥的协商，存储重要的认证信息，提供准确的认证。通过可信服务器完成相互认证后，用户和医疗服务器之间会生成一个安全的共享会话密钥。最后，用户和相应的医疗服务器可以采用协商出的共享会话密钥加密需要传输的信息，实现生物医学信息在互联网中的安全传输。

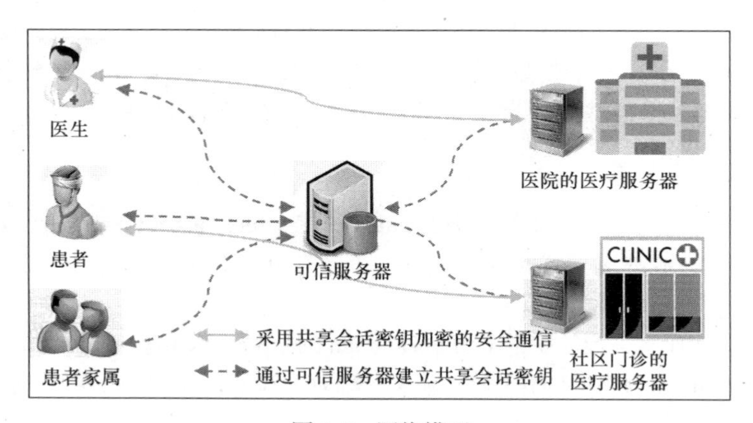

图 3-7　网络模型

3.3.2　协议设计

本节对提出的基于混沌映射的认证与密钥协商协议进行描述。提出的协议包括四个阶段，分别为初始化阶段、用户注册阶段、登录阶段及认证与密钥协商阶段。提出的认证与密钥协商协议中包括三个实体，分别为用户 U_i、可信服务器 TS 和医疗服务器 MS。表 3-5 给出了提出的认证与密钥协商协议中用到的符号及这些符号相应的说明。

表 3-5　符号及其说明

符号	说明
ID_i	用户 U_i 的身份
SID_j	第 j 个医疗服务器 MS 的身份
k	可信服务器 TS 的私钥
r	医疗服务器 MS_j 的私钥

续表

符号	说明
p	大素数
a, b, m, n	高熵随机数
$T_1 \sim T_6$	当前的时间戳
$T_u(x)$	切比雪夫混沌映射算法，密钥为 u

1. 初始化阶段

初始化阶段，可信服务器 TS 计算并公开切比雪夫多项式的相关参数$\{x, T_k(x), p, T(\cdot)\}$。然后，可信服务器 TS 与医疗服务器 MS_j 执行如下步骤，完成初始化过程。

步骤 I1：可信服务器 TS 为每个医疗服务器 MS 分配一个唯一的身份标识。例如，为第 j 个医疗服务器 MS_j 分配身份标识 SID_j。接下来，医疗服务器 MS_j 选取一个高熵随机数 r，作为它的私钥，并计算 $MS_r=T_r(x) \bmod p$。最后，医疗服务器 MS_j 发送消息$\{SID_j, MS_r\}$给可信服务器 TS。

步骤 I2：当可信服务器 TS 收到消息$\{SID_j, MS_r\}$后，计算医疗服务器 MS_j 的临时身份信息 $TID_j=h(SID_j||k)$及消息 $S_t=T_k(MS_r) \bmod p$。然后，可信服务器 TS 发送消息$\{TID_j, S_t\}$给医疗服务器。

步骤 I3：当收到消息$\{TID_j, S_t\}$后，医疗服务器 MS_j 将接收到的信息存储在其内存中。同时可信服务器 TS 将每个医疗服务器的$\{SID_j , MS_r\}$存储在其数据库中。

2. 用户注册阶段

当用户 U_i 想要获取医疗服务器 MS_j 的服务时，他需要完成如下的注册过程来获取可信服务器 TS 的授权。注册的详细过程如图 3-8 所示。

步骤 R1：用户 U_i 选择他的身份 ID_i 和口令 PW_i，并采用公开算法 $T(\cdot)$计算 $TPW_i = T_{PW_i}(x) \bmod p$。然后，用户 U_i 通过安全方式将消息$\{ID_i, TPW_i\}$发送给可信服务器 TS。

步骤 R2：当接收到用户 U_i 发送的消息$\{ID_i, TPW_i\}$后，可信服务器 TS 将用它的长期私钥 k 计算 $I_0= T_k(TPW_i) \bmod p$ 和 $KPW_i= ID_i \oplus I_0$。接下来，可信服务器 TS 随机选取一个高熵随机数 m 并计算 $D_1=h(k||m)$、$I_1=h(ID_i||m)$、$I_2=ID_i \oplus D_1$ 和 $I_3=T_k(I_2) \bmod p$。最后，可信服务器 TS 将$\{I_0, I_1, I_3\}$存储在其数据库中，将信息$\{KPW_i, I_1, h(\cdot)\}$写入智能卡中，并将该智能卡通过安全方式发送给用户 U_i。

步骤 R3：当用户 U_i 接收到智能卡后，他将秘密保存智能卡，并为接下来的登录过程做准备。

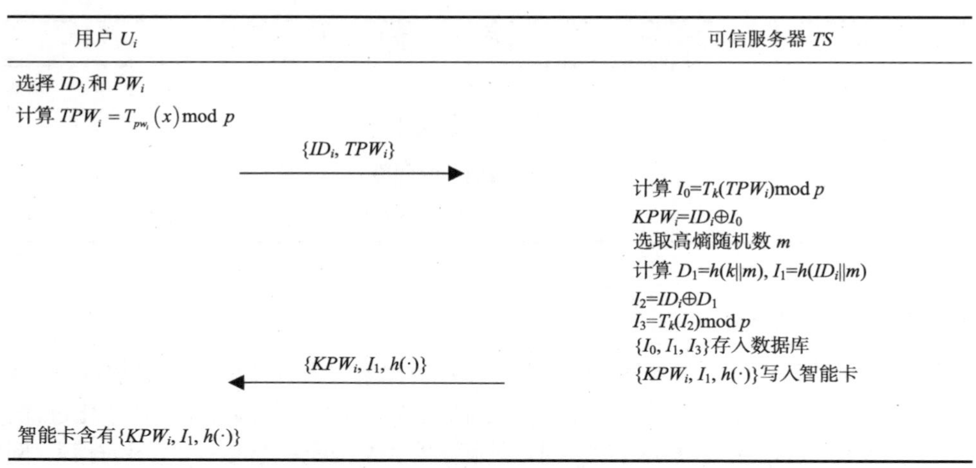

图 3-8 注册过程

3. 登录阶段

当用户 U_i 需要访问医疗服务器 MS_j 时，他需要发送登录请求，完成登录过程。详细过程描述如下。

步骤 L1：用户 U_i 将智能卡插入读卡设备中，并输入他的身份信息 ID_i 和口令 PW_i。然后，智能卡采用公开参数 $T_k(x)$ 和算法 $T(\cdot)$ 计算 $I_0= KPW_i \oplus ID_i$ 和 $I_0'= T_{PWi}(T_k(x)) \bmod p$，并验证 I_0' 与 I_0 的值是否相等。如果相等，智能卡采用输入的用户身份信息 ID_i 和口令 PW_i，计算 $P_i=h(ID_i\|PW_i)$。接下来，智能卡获取当前的时间戳 T_1，并计算 $Q_i=P_i \oplus h(T_1)$ 和 $I_4= ID_i \oplus I'_0 \oplus h(T_1)$。

步骤 L2：用户 U_i 选择一个想要访问的医疗服务器 MS_j，并将其身份信息 SID_j 存入智能卡中。接下来，智能卡计算 $MSID_j=SID_j \oplus h(ID_i\|T_1)$ 作为医疗服务器 MS_j 的临时身份。然后，用户 U_i 选择一个高熵随机数 a，并计算 $I_5=T_a(h(ID_i\|P_i)\|SID_j) \bmod p$ 和 $I_a=I_5 \oplus I_0$。最后，用户 U_i 通过公开信道将消息$\{MSID_j, Q_i, I_1, I_4, I_a, T_1\}$发送给可信服务器 TS。

4. 认证与密钥协商阶段

当接收到来自用户 U_i 的登录请求后，可信服务器 TS 验证用户 U_i 的登录信息。当验证通过后，可信服务器 TS 发送相关消息给相应的医疗服务器 MS_j，用于认证与共享会话密钥的协商。具体过程如图 3-9 所示。

用户 U_i	可信服务器 TS	医疗服务器 MS
	验证$(T_2-T_1)\leqslant\Delta T$ 计算 $P_i'=Q_i\oplus h(T_1)$ 根据 I_1 从数据库中提取 I_0 计算 $ID_i'=I_4\oplus I_0\oplus h(T_1)$, $I_5'=I_a\oplus I_0$ $D_1=h(k\|m)$, $I_2'=ID_i'\oplus D_1$ 验证 $I_3'=T_k(I_2')\bmod p=?\ I_3$ 计算 $SID_j=MSID_j\oplus h(ID_i'\|T_1)$ 根据 SID_j 从数据库中提取 MS_r 计算 $TID_j=h(SID_j\|k)$, $S_g=T_k(MS_r)\bmod p$ $I_6=TID_j\oplus I_5'$, $I_7=I_5'\oplus P_i'$ 选择高熵随机数 n 生成当前的时间戳 T_3 计算 $I_8=P_i'\oplus ID_i'\oplus h(T_3)$ $I_9=h(S_g\|h(SID_j)\|T_3)$ 计算 $I_1^{new}=h(ID_i'\|n)$，替换 I_1 计算 $I_1^{new'}=h(ID_i')\oplus I_1^{new}$	
	$\{I_6, I_7, I_8, I_9, I_1^{new'}, T_3\}$ ⟶	
		验证$(T_4-T_3)\leqslant\Delta T$ 计算 $S_g'=T_r(T_k(x))$ 验证 $I_9'=h(S_g'\|h(SID_j)\|T_3)=?\ I_9$ 根据 S_g'获取 TID_j 计算 $I_5''=I_6\oplus TID_j'$, $P_i''=I_7\oplus I_5''$ $ID_i''=I_8\oplus P_i''\oplus h(T_3)$ 选择高熵随机数 b 计算 $I_{10}=T_b(h(ID_i''\|P_i'')\|SID_j)\bmod p$ $I_b=I_{10}\oplus h(ID_i''\|SID_j)$ 计算 $SK=T_b(I_5'')=T_{ab}(h(ID_i''\|P_i'')\|SID_j)\bmod p$ 认证信息 $I_{11}=h(SK\|h(ID_i'')\|T_5)$
⟵ $\{I_b, I_{11}, T_5, I_1^{new'}\}$		
验证$(T_6-T_5)\leqslant\Delta T$ 计算 $I_{10}'=I_b\oplus h(ID_i\|SID_j)$ 计算 $SK=T_a(I_{10}')=T_{ab}(h(ID_i\|h(ID_i\|PW_i))\|SID_j)\bmod p$ 验证 $I_{11}'=h(SK\|h(ID_i)\|T_5)=?\ I_{11}$ 计算 $I_1^{new}=I_1^{new'}\oplus h(ID_i)$，替换 I_1		

图 3-9 提出协议认证和密钥协商过程

步骤 A1：当可信服务器 TS 接收到用户 U_i 的登录请求信息$\{MSID_j, Q_i, I_1, I_4, I_a, T_1\}$后，验证不等式$(T_2-T_1)\leqslant\Delta T$是否成立，其中 T_2 是当前的时间戳，ΔT 是预先设定的时间差的阈值。如果上述不等式成立，可信服务器 TS 计算 $P_i'=Q_i\oplus h(T_1)$，并根据收到的 I_1 从数据库中提取相应的 I_0。接下来，可信服务器 TS 采用提取的 I_0 计算 $ID_i'=I_4\oplus I_0\oplus h(T_1)$、$I_5'=I_a\oplus I_0$、$D_1=h(k\|m)$和 $I_2'=ID_i'\oplus D_1$。同时，可信服务器 TS 计算 $I_3'=T_k(I_2')\bmod p$，并验证 I_3'是否与存储在数据库中的 I_3 相等。如果相等，

可信服务器 TS 认为用户 U_i 是合法用户，并计算 $SID_j = MSID_j \oplus h(ID_i' \| T_1)$ 来获取用户 U_i 想要访问的医疗服务器的身份信息 SID_j。接下来，可信服务器 TS 采用 MS_j 从数据库中找到相应的 MS_r，并计算 $TID_j = h(SID_j \| k)$、$S_g = T_k(MS_r) \bmod p$、$I_6 = TID_j \oplus I_5'$ 和 $I_7 = I_5' \oplus P_i'$。随后，可信服务器 TS 生成当前的时间戳 T_3，并计算 $I_8 = P_i' \oplus ID_i' \oplus h(T_3)$ 和 $I_9 = h(S_g \| h(SID_j) \| T_3)$。然后，可信服务器 TS 选择一个高熵随机数 n，计算 $I_1^{new} = h(ID_i' \| n)$，并用 I_1^{new} 替换 I_1。最后，可信服务器 TS 计算 $I_1^{new\prime} = h(ID_i') \oplus I_1^{new}$，并发送消息 $\{I_6, I_7, I_8, I_9, I_1^{new\prime}, T_3\}$ 给相应的医疗服务器 MS_j。

步骤 A2：当收到消息 $\{I_6, I_7, I_8, I_9, I_1^{new\prime}, T_3\}$ 后，医疗服务器 MS_j 验证当前时间戳与 T_3 的差值是否在预先设定的阈值范围 ΔT 内。如果在 ΔT 内，医疗服务器 MS_j 采用它自己的私钥 r 和公开参数 $T_k(x)$ 计算 $S_g' = T_r(T_k(x))$ 和 $I_9' = h(S_g' \| h(SID_j) \| T_3)$，并验证 I_9' 是否等于 I_9。如果相等，医疗服务器 MS_j 根据 S_g' 获取 TID_j，并计算 $I_5'' = I_6 \oplus TID_j'$, $P_i'' = I_7 \oplus I_5''$ 和 $ID_i'' = I_8 \oplus P_i'' \oplus h(T_3)$。接下来，医疗服务器 MS_j 随机选择一个高熵随机数 b，并计算 $I_{10} = T_b(h(ID_i'' \| P_i'') \| SID_j) \bmod p$ 和 $I_b = I_{10} \oplus h(ID_i'' \| SID_j)$。然后，医疗服务器 MS_j 计算共享会话密钥 $SK = T_b(I_5'') = T_{ab}(h(ID_i'' \| P_i'') \| SID_j) \bmod p$ 和认证信息 $I_{11} = h(SK \| h(ID_i'') \| T_5)$。最后，医疗服务器 MS_j 发送消息 $\{I_b, I_{11}, T_5, I_1^{new\prime}\}$ 给相应的用户 U_i。

步骤 A3：当用户 U_i 接收到医疗服务器 MS_j 发送的消息 $\{I_b, I_{11}, T_5, I_1^{new\prime}\}$ 后，他验证时间戳 T_5 的有效性。如果传输时延超出了时间阈值 ΔT，用户 U_i 将终止此轮会话。否则，用户 U_i 计算 $I_{10}' = I_b \oplus h(ID_i \| SID_j)$ 和共享会话密钥 $SK = T_a(I_{10}') = T_{ab}(h(ID_i \| h(ID_i \| PW_i) \| SID_j) \bmod p$。接下来，$U_i$ 计算 $I_{11}' = h(SK \| h(ID_i) \| T_5)$，并验证 I_{11}' 是否与 I_{11} 相等。如果不相等，用户 U_i 将终止此轮会话。否则，用户 U_i 认证了可信服务器 TS 和医疗服务器 MS_j，并存储计算所得的共享会话密钥 SK，作为他与医疗服务器 MS_j 之间的共享会话密钥。最后，智能卡计算 $I_1^{new} = I_1^{new\prime} \oplus h(ID_i)$，并将 I_1 更新为 I_1^{new}。

3.3.3　安全性分析

本节对提出的协议的安全性进行分析。首先采用随机预言机模型证明提出协议的安全性，再对协议能否抵抗各种已知攻击进行分析。

1. 安全模型

本节给出协议安全证明所采用的安全模型。认证与密钥协商协议的安全模型是由 Bellare 等[60]提出的。本节对其模型进行扩展，使其能适用于证明基于混沌映射的认证与密钥协商协议的安全性。在安全性证明中所需用到的相关定义描述如下。

参与者：提出的协议中包含三类参与者，分别为用户、医疗服务器和可信服务器。令 U 为所有用户的集合，MS 为医疗服务器的集合，TS 为可信服务器。全部参与者的集合 P 为 U、MS 和 TS 的合集。符号 u_i 代表 U 的一个实例，ms_j 表示 MS 的一个实例。任意参与者集合 P 的实例 p 为一个预言。

攻击者：本安全模型中的攻击者 A 具有多项式时间计算能力。攻击者的能力由以下问询定义。

$Execute(u_i, TS, ms_j)$：本问询模拟被动窃听攻击，返回 u_i、TS 和 ms_j 之间在最后一次密钥协商会话中所传输的全部消息的副本。

$Send(p, m)$：在本问询中，攻击者发送给 p 一个消息 m 并接收 p 的返回消息。该问询模拟如重放攻击、篡改攻击、伪造攻击等主动攻击形式。

$Corrupt(ms_j)$：该问询模拟了针对完美前向安全的攻击。在问询 $CorruptS(ms_j)$ 后，攻击者 A 将获取医疗服务器的私钥 r。

$Test(u_i/ms_j)$：在 $Test$ 问询中，会话密钥的语义安全由抛掷一枚光滑均匀的硬币 b 定义。实例 u_i 首先抛掷硬币以决定 b 的取值，该值对攻击者保密。如果 b=0，实例 u_i 将返回一个完全随机的二进制字符串。如果 b=1，u_i 将返回当前的会话密钥 SK 给攻击者。如果攻击者尝试问询了多次 $Test$，输出结果应当由同一个 b 值决定。

$Hash(x, h(x))$：$Hash$ 预言机维护一个 $\{x, h(x)\}$ 的列表。当攻击者以 x 进行问询时，若 x 值存在，则返回对应的 $h(x)$ 给攻击者。若 x 值不存在，则返回一个均匀的随机字符串 k 给攻击者，并将 $\{x, k\}$ 存入表中。

2. 安全定义

1) AKE 安全

AKE 安全主要针对会话密钥安全，即攻击者 A 能否在概率多项式时间内区分出会话密钥和随机字符串。在协议的执行过程当中，攻击者 A 将会同两个新鲜的预言机实体 u_i 和 ms_j 进行信息交互，新鲜是指这两个实体没有被 *corrupt* 预言机和 *reveal* 预言机查询过。攻击者 A 对这两个新鲜的预言机实体发起一系列查询，每个预言机根据安全模型中的查询定义返回相应的应答消息。最后，攻击者 A 进行 $Test$ 查询并猜测一个 b'，若 b' 与 b 的值相等，则攻击者 A 赢得了游戏。否则，提出的协议具备 AKE 安全。攻击者 A 正确猜测出 b 的优势为 $Adv^{ake}(A)$，则有

$$Adv^{ake}(A) = 2|\Pr[E]-1/2|$$

式中：E 为攻击者赢得游戏这一事件。如果攻击者准确猜测出 b 的优势 $Adv^{ake}(A)$ 是可忽略的，那么该协议是安全的认证与密钥交换协议。

2) 相互认证

相互认证要求所有的通信实体之间都能实现相互之间的认证。若攻击者 A 成

功地伪造了认证信息 I_0、I_3、I_9 和 I_{11}，则提出的协议不能提供相互认证。攻击者 A 成功伪造上述认证信息的概率表示为 $Adv^{ma}(A)$，若 $Adv^{ma}(A)$在概率多项式时间内是可忽略的，则证明提出的协议能够提供相互认证。

定理 1，差分定理(difference lemma)[70]：设 M、N 和 Q 为某一事件中可能的概率分布，同时假定 $M\wedge\neg P\Leftrightarrow N\wedge\neg Q$，通常事件 Q 是可忽略的，则差分定理被描述为

$$|\Pr[M]-\Pr[N]|\leqslant \Pr[Q]$$

3. 安全性证明

1) 会话密钥安全

根据上述定义和具体的证明分析，攻击者破解提出协议 AKE 安全的优势为

$$Adv^{ake}\leqslant(q_h^2/2^{l-2})+4\cdot Adv^{\mathrm{DLP}}+2\cdot Adv^{\mathrm{DDH}}$$

式中：q_h 为 *Hash* 询问的次数；l 为安全参数；Adv^{DLP} 为攻击者破解混沌映射离散对数问题的优势；Adv^{DDH} 为攻击者破解混沌映射 Diffie-Hellman 问题的优势。

安全性证明采用规约的方法。证明过程由一系列的游戏 G_i 组成，游戏起始于真实的攻击环境 G_0，结束于攻击者没有任何攻击优势的情况 G_3。在每一轮游戏 G_i 中，定义 E_i 为攻击者赢得游戏 G_i 这一事件，然后，攻击者可通过进行更多的查询来增加他赢得游戏的优势。然后，攻击者通过访问一系列的查询预言机获得一些相关或者无关的信息，并试图获取会话密钥。在游戏开始之前，随机预言机模型将会进行相关参数的设置，并形成相应的语法规则来决定哪些信息将发送给攻击者。当游戏结束后，攻击者 A 将猜测随机字符串 b'。若猜测的字符串 b'与隐藏值 b 一致，则攻击者 A 赢得本次游戏。

游戏 G_0：该游戏模拟攻击者 A 对协议的一次真实攻击。根据上述定义，有

$$Adv^{ake}(A)=2|\Pr[E_0]-1/2| \tag{3.8}$$

游戏 G_1：与游戏 G_0 相比，本次游戏仅增加了 *Hash* 询问。因此，除哈希访问控制列表的碰撞外，游戏 G_1 和 G_0 是不可区分的。由定理 1 及生日碰撞原理可知：

$$\Pr[E_1]-\Pr[E_0]|\leqslant 2\cdot(q_h^2/2^l) \tag{3.9}$$

游戏 G_2：攻击者 A 为了增加赢的概率，采用 $Execute(ui, TS, ms_j)$问询模拟被动窃听攻击。此时，攻击者 A 能够获取信息 $I_a=I_0\oplus T_a(h(ID_i\|P_i)\|S_j)\bmod p$ 和 $I_b=h(ID_i\|S_j)\oplus T_b(h(ID_i\|P_i)\|S_j)\bmod p$。在本轮游戏中，攻击者通过获取的消息 I_a 和 I_b，尝试计算得到共享会话密钥 $SK=T_{ab}(h(ID_i\|P_i)\|S_j)\bmod p$。因此，游戏 G_2 除了要破解混沌映射 Diffie- Hellman 复杂性问题外，它和 G_1 是不可区分的。由定理 1 可知：

$$|\Pr[E_2]-\Pr[E_1]|\leqslant Adv^{\mathrm{DDH}} \tag{3.10}$$

游戏 G_3：本轮游戏采用两个随机整数分别替换 a 和 b。为了能准确获取 a 和 b，攻击者需要破解混沌映射离散对数问题。因此，游戏 G_3 除了要破解混沌映射离散对数问题外，它和 G_2 是不可区分的，则有

$$|\Pr[E_3]-\Pr[E_2]| \leqslant 2\cdot Adv^{\mathrm{DLP}} \tag{3.11}$$

当游戏 G_3 结束后，由于所有的秘密信息和高熵随机数都是完全独立生成的，且没有任何与输出位 b 相关的信息泄露，因此有

$$\Pr[E_3]=1/2 \tag{3.12}$$

综合上述式(3.8)～式(3.12)，得出攻击者破解提出的协议会话密钥安全的优势为

$$Adv^{ake}(A) \leqslant (q_h^2/2^{l-2})+ 4\cdot Adv^{\mathrm{DLP}}+ 2\cdot Adv^{\mathrm{DDH}}$$

由上述复杂性问题理论及生日碰撞理论可知，破解提出的协议会话密钥安全的优势 $Adv^{ake}(A)$在概率多项式时间内是可忽略的，因此提出的协议能够提供会话密钥安全。

2) 相互认证

基于上述相互认证的定义，将一个攻击者破解相互认证的优势定义为 Adv^{ma}，如果 Adv^{ma} 是可忽略的，那么提出的协议将能够提供相互认证。

证明：证明过程同样是由一系列的游戏 G_i 组成，游戏起始于真实的攻击环境 G_0，结束于攻击者没有任何攻击优势的情况 G_3。在每一轮游戏中，定义 E_i 为攻击者赢得游戏这一事件。假设攻击者 A 试图破解出长期秘密信息(k, r, pw_i)，Adv_{sk} 表示攻击者 A 破解出长期私钥的优势，Adv^{DLP} 表示攻击者 A 破解离散对数问题的优势。然后，攻击者通过访问一系列的查询预言机获得一些相关或者无关的信息，并试图区分认证因子 I_0、I_3、I_9 和 I_{11}。如果攻击者成功区分出这些认证因子，他将赢得游戏，否则提出的协议提供了相互认证安全。

游戏 G_0：本轮游戏在真实的攻击环境中执行。根据上述定义有

$$Adv^{ma}(A) = 2|\Pr[E_0]-1/2| \tag{3.13}$$

游戏 G_1：本轮游戏中，攻击者采用三个随机数来替代长期秘密信息 k、r 和 pw_i。如果攻击者成功猜到了这些长期秘密信息，那么他将赢得本次游戏。由定理 1 可得

$$|\Pr[E_1]-\Pr[E_0]|\leqslant 3\cdot Adv_{sk} \tag{3.14}$$

游戏 G_2：本轮游戏将使用两个随机数替换 a 和 b。为了从 I_5 和 I_{10} 中正确地提取 a 和 b，攻击者需要在概率多项式时间内破解混沌映射离散对数问题。因此，游戏 G_2 除了要破解混沌映射离散对数问题外，和游戏 G_1 是不可区分的。因此有

$$|\Pr[E_3]-\Pr[E_2]| \leqslant 2\cdot Adv^{\mathrm{DLP}} \tag{3.15}$$

游戏 G_3：本轮游戏攻击者尝试采用四个随机数来替换 I_0、I_3、I_9 和 I_{11}。分析同上，游戏 G_3 除了 I_9 和 I_{11} 中的两个哈希碰撞外，和游戏 G_2 是不可区分的。因此，由生日碰撞理论和定理 1 可知：

$$|\Pr[E_3]-\Pr[E_2]|\leqslant 2\cdot(q_h^2/2^l) \tag{3.16}$$

当游戏 G_3 结束后，查询预言机模型获取真实相关认证信息的概率与攻击者成功猜测出随机字符串 b 的概率相同。攻击者仅能够随机猜测输出位，无法判断相应信息的有效性和真实性。因此有

$$\Pr[E_3]=1/2 \tag{3.17}$$

综合上述式(3.13)～式(3.17)，得出攻击者破解提出的协议相互认证的优势为

$$Adv^{ma}(A)\leqslant 6\cdot Adv_{sk}+4\cdot Adv^{\mathrm{DLP}}+q_h^2/2^{l-2}$$

考虑到生日碰撞理论和混沌映射离散对数问题的复杂性，$q_h^2/2^{l-2}$ 和 $Adv^{\mathrm{DLP}}(A_{dlp})$ 是可忽略的，其中 l 是安全参数。此外，在概率多项式时间内破解长期秘密信息的概率也是可忽略的。因此，破解提出的协议相互认证的优势 $Adv^{ma}(A)$ 在概率多项式时间内是可忽略的，提出的协议能够提供相互认证。

3) 提出的协议可以有效抵抗盗取验证列表攻击

在提出的协议中，假设攻击者获取了验证列表$\{(I_0, I_1, I_3)/(SID_j, MS_r)\}$，他也不能通过智能卡终端设备的认证。这是因为，攻击者不能通过截获的信息，获取用户身份和口令信息，来通过智能卡终端的认证。如果攻击者试图从传输的信息中提取有效的用户身份和口令信息，他需要破解哈希函数或混沌映射离散对数问题。此外，即使攻击者通过了智能卡的认证，他也无法通过可信服务器的验证。因为，提出的协议采用了动态的身份验证信息 $I_1=h(ID_i\|n)$。因此，提出的协议能够抵抗盗取验证列表攻击。

4) 提出的协议可以有效抵抗内部特权攻击

在提出的协议中，用户的口令由安全的哈希函数和混沌映射离散对数问题进行保护。在认证与密钥协商过程中，用户的口令是以 $TPW_i=T_{PW_i}(x)$ 方式发送给可信服务器的。因此，即使是可信服务器也不知道用户的口令信息 PW_i。在登录和认证与密钥协商过程中，用户的口令 PW_i 由安全的哈希函数保护，攻击者想要获取用户的口令信息 PW_i，则需要在概率多项式时间内破解哈希函数。因此，提出的协议能够抵抗内部特权攻击。

5) 提出的协议具备用户匿名

在提出的协议中，用户的身份信息在注册阶段、登录阶段和认证与密钥协商阶段中均受到了保护。在注册过程中，用户的身份信息由高熵随机数和安全的哈希函数保护。在登录和认证与密钥协商过程中，用户的身份信息由用户口令 PW_i、当前时间戳 T_1、高熵随机数及安全的哈希函数保护。由于安全的哈希函数具有单向性质，以及异或操作的加密混淆特性，攻击者无法从截获的通信信息中正确猜测出用户的真实身份。因此，提出的协议具备用户匿名。

3.3.4 性能分析

1. 安全性对比

本节从安全性和计算开销两方面，分析本节提出的协议和相关协议[71-74]的性能。由表3-6可知，Xiong等提出的协议[71]不具备会话密钥安全，不提供用户匿名和不可追踪。Li等提出的协议[72]不能抵抗重放攻击，不提供用户匿名和不可追踪。Lee等提出的协议[73]不能抵抗重放攻击。Saru等提出的协议[74]不提供不可追踪。与其他相关的协议[71-74]相比，本节提出的认证与密钥协商协议能够抵抗各种已知的攻击，并能满足更多的安全需求。

表3-6 本节提出的协议与其他相关协议的安全性对比

攻击和安全特征	Xiong等提出的协议[71]	Li等提出的协议[72]	Lee等提出的协议[73]	Saru等提出的协议[74]	本节提出的协议
抵抗重放攻击	Y	N	N	Y	Y
抵抗假冒攻击	Y	Y	Y	Y	Y
抵抗中间人攻击	Y	Y	Y	Y	Y
抵抗口令猜测攻击	Y	Y	Y	Y	Y
抵抗盗取验证列表攻击	Y	Y	Y	Y	Y
抵抗智能卡偷盗攻击	Y	Y	Y	Y	Y
抵抗内部特权攻击	Y	Y	Y	Y	Y
具备用户匿名	N	N	Y	Y	Y
具备用户不可追踪	N	N	Y	N	Y
具备相互认证	Y	Y	Y	Y	Y
具备会话密钥安全	N	Y	Y	Y	Y
具备完美前向安全	Y	Y	Y	Y	Y

注：Y为能抵抗该攻击或提供该安全需求；N为无法抵抗该攻击或不提供该安全需求

2. 计算量对比

本节给出本节提出的协议与其他相关协议[71-74]在计算量方面的对比。根据实验分析，认证与密钥协商协议中采用的串接操作和异或操作的计算量是可以忽略的。相关符号定义如下。

T_s：执行一次对称加解密操作所需的时间。

T_h：执行一次安全的单向哈希函数所需的时间。

T_c：执行一次切比雪夫多项式操作所需的时间。

由于登录和认证与密钥协商阶段在整个认证与密钥协商过程中为主要操作，因此计算开销的分析仅考虑登录和认证与密钥协商阶段。在提出的协议中，登录实体间的认证与密钥协商是通过一系列的加解密操作和验证操作完成的。在登录和认证的过程中，用户 U_i 需要执行六次单向哈希操作和三次切比雪夫多项式计算。可信服务器需要执行相关的验证操作来验证接收消息的合法性，并发送认证信息给相应的医疗服务器。为了验证传输消息的有效性，可信服务器需要计算三次哈希操作和一次切比雪夫多项式操作。此外，为了和相应的医疗服务器建立一个可靠的连接，可信服务器还需要执行六次单向哈希操作和一次切比雪夫多项式操作。医疗服务器端则需要执行两次哈希操作和一次切比雪夫多项式操作，完成对可信服务器的认证。医疗服务器还需要执行五次哈希操作和两次切比雪夫多项式操作，完成与用户 U_i 的共享会话密钥协商。

由文献[75-77]可知，执行一次切比雪夫多项式操作的时间 T_c，近似于执行一次单向哈希函数操作的时间 T_h。此外，执行一次对称加解密操作的时间 T_s 约为执行一次单向哈希函数操作所需时间 T_h 的 18 倍[78]。表 3-7 中，本节提出的协议的计算开销为 $22T_h+8T_c$，Xiong 等提出的协议[71]的计算开销为 $24T_h+6T_c$。由上述分析，本节提出的协议和 Xiong 等提出的协议[71]的计算开销相似。但 Xiong 等提出的协议[71]不具备用户匿名和不可追踪性。本节提出的协议与 Li 等提出的协议[72]、Lee 等提出的协议[73]和 Saru 等提出的协议[74]相比，通过避免执行对称加解密操作，有效降低了协议所需的计算开销。因此，与相关协议[71-74]相比，本节提出的认证与密钥协商协议在保证安全性的前提下，有效降低了计算开销，适用于 E-health 应用环境。

表 3-7　本节提出的协议与相关协议计算量对比

对比项	Xiong 等提出的协议[71]	Li 等提出的协议[72]	Lee 等提出的协议[73]	Saru 等提出的协议[74]	本节提出的协议
U_i /U_A	$8T_h+3T_c$	$5T_h+2T_s+2T_c$	$5T_h+T_s+3T_c$	$5T_h+2T_s+2T_c$	$6T_h+3T_c$
SN_j /U_B	$5T_h+2T_c$	$4T_h+2T_s+2T_c$	$5T_h+T_s+3T_c$	$3T_h+2T_c$	$7T_h+3T_c$
GWN/Server/RC	$11T_h+T_c$	$3T_h+2T_s$	$4T_h+4T_s+2T_c$	$6T_h+2T_s$	$9T_h+2T_c$
总和	$24T_h+6T_c$	$12T_h+6T_s+4T_c$	$14T_h+6T_s+8T_c$	$14T_h+4T_s+4T_c$	$22T_h+8T_c$

本节提出了基于混沌映射的轻量级认证与密钥协商协议的构建方法。提出的认证与密钥协商协议仅采用了轻量级的哈希操作和切比雪夫操作，实现了用户与医疗服务器的快速认证和密钥协商。在认证与密钥协商过程中，通过加密用户的身份信息和消除冗余的变量实现了用户匿名和不可追踪,有效保护了用户的隐私。本节提出的认证与密钥协商协议与其他相关协议相比，不仅能有效抵抗各种已知攻击，还提供更多的安全特征，且有效降低了认证与密钥协商所需的计算开销。因此，提出的基于混沌映射的认证与密钥协商协议适用于 E-health 应用环境。

第4章　智能电网环境下认证与密钥协商协议设计

4.1　智能电网应用环境概述

智能电网作为一种新型的电力管理网络模型，由于其可靠性、效率和可持续性，受到了广泛的关注[79]。与传统电网相比，智能电网根据用户的需求动态调整电力供给，从而有效增强了电网[80]的性能和可靠性。如图4-1所示，智能电网主要由三类实体构成：智能设备(如智能电表)、通信模块(如变电站)及控制中心(如电力服务商)。智能电表在电网中用于监测电力消耗和电能状态，并有规律地在一定时间间隔后，将收集到的电力数据通过通信模块发送给电力服务商。然后，智能电网中的电力服务商向用户或公共设施提供电力资源和服务，并根据智能电表传输的信息进行相应的收费[81]。

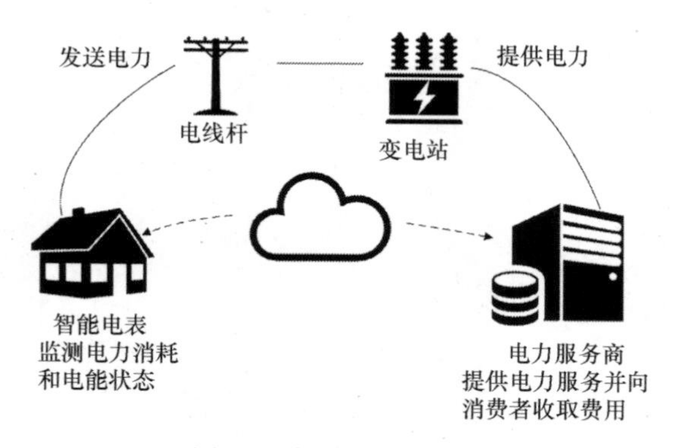

图4-1　智能电网示意图

大多数智能电网环境中，电力信息是在不安全的公共网络上传输的，从而引发了各种安全威胁[82]。攻击者可以轻易地通过窃听来拦截消息，然后发起各种有针对性的攻击，以获取用户的相关隐私信息。一旦敏感信息被恶意攻击者获取，智能电网可能会面临更大的安全挑战[82]。为了解决智能电网安全问题，智能电表与其相应的电力服务商在交互之前，需要相互认证对方的身份，并协商出一个只有通信双方知道的共享会话密钥，该密钥可用于加密之后需要传输的电力信息，从而确保智能电表与电力服务商在智能电网中的安全通信[83]。认证与密钥协商协议可以很好地解决上述问题。

近年来，智能电网的认证与密钥协商协议得到了广泛的研究，各种针对智能电网的认证与密钥协商协议[84-100]相继提出。Wu 和 Zhou[86]针对智能电网环境，采用椭圆曲线加密机制和对称加密技术提出了一个错误容忍的密钥管理模式。提出的模式采用公钥框架和安全的 Needham-Schroeder 协议实现了相互认证和共享会话密钥的生成。Wu 和 Zhou 声称他们的协议能有效抵抗已知攻击，如中间人攻击和重放攻击等。然而，Xia 和 Wang[87]指出 Wu 和 Zhou[86]的协议，在会话密钥生成阶段不能抵抗中间人攻击。针对上述问题，Xia 和 Wang 在智能电网环境中，引入了可信第三方来完成安全密钥的分配[87]。由于 Xia 和 Wang 提出的协议仅用到了对称加密操作，因此有效降低了协议所需的计算开销。但是，Park 等[88]证明了 Xia 和 Wang[87]不能抵抗假冒攻击及未知密钥共享攻击。

2011 年，Nicanfar 等[89]在智能电网环境中，提出了一个用于单播和多播通信的认证与密钥协商协议。然而，Mohammadali 等[90]发现 Nicanfar 等提出的协议[89]不能抵抗由恶意智能电表发起的假冒攻击。接着，Nicanfar 和 Leung[91]基于椭圆曲线加密体制提出了一个新的认证与密钥协商协议来抵抗假冒攻击。但提出的协议需要通信双方预先存储口令，从而引入了扩展性问题和复杂性问题。Liu 等提出的密钥管理协议[92]中，通过引入密钥图有效降低了智能电表端的计算开销。但 Wan 等[93]发现 Liu 等提出的协议[92]不能抵抗去同步化攻击。为了进一步增强安全性，Wan 等提出了一个新的密钥管理模式实现了会话密钥的快速协商。但提出的模式需要执行耗时的双线性配对操作，因而计算开销较大，并不适用于智能电网环境。

为了满足智能电网低能耗的需求，Mohammadali 等[90]基于椭圆曲线加密机制，提出了一个基于身份的认证与密钥协商协议，并采用 AVISPA 工具对提出的协议的安全性进行了形式化证明。Mahmood 等[94]同样采用椭圆曲线加密体制，针对智能电网环境构建了一个认证与密钥协商协议。他们采用 Burrows-Abadi-Needham 逻辑对提出的协议的完整性进行了分析。与基于公钥密码体制的认证与密钥协商协议相比，基于椭圆曲线加密体制的认证与密钥协商协议有效降低了计算开销，但智能电表端的计算开销依然较大。此外，上述两个认证与密钥协商协议并未考虑认证和密钥协商过程中的隐私保护问题。

为了提供隐私保护安全属性，匿名认证与密钥协商协议[95-100]相继提出。Tsai 和 Lo[95]针对智能电网环境，提出了一个匿名的密钥分配协议。尽管提出的协议实现了智能电表匿名，但该协议不具备会话密钥安全[96]。为了解决上述问题，Odelu

等[96]采用双线性映射技术构建认证与密钥协商协议，来实现智能电表与电力服务提供商之间的双向认证和密钥协商。他们声称提出的协议实现了智能电表隐私保护。然而，他们的协议不能抵抗假冒攻击，且智能电表可由密钥生成中心跟踪[97]。随后，Chen 等[97]基于双线性映射和 Diffie-Hellman 问题，提出了一个认证与密钥协商协议，并采用 BAN 逻辑和 Random Oracle 模型对提出的协议进行了证明。尽管 Chen 等[97]提出的协议具备较好的安全性，但计算开销较大。在保证安全性的同时，为了进一步降低计算开销，He 等[98]基于椭圆曲线加密体制构建了一个具有智能电表匿名性的密钥分配协议。Kumar 等[99]也基于椭圆曲线加密机制，采用对称加密技术、哈希函数和消息认证码构建了一个匿名的认证与密钥协商协议。然而，Kumar 等[99]提出的协议中用到了时间戳，从而引入了时钟同步问题。Abbasinezhad-Mood 和 Nikooghadam[100]基于椭圆曲线加密体制，提出了一个具有智能电表匿名性的密钥分配协议，并采用随机语言模型对提出的协议的安全性进行了证明。此外，他们在两种 ARM 硬件设备上对协议中使用到的加密操作进行了仿真。

在智能电网的认证与密钥协商协议的设计中，智能电表匿名和不可追踪性安全需求是最易被忽视的，却又是最为重要的安全需求之一。性能问题则是智能电网环境中，构建认证与密钥协商协议所需考虑的另一个关键问题。现有的针对智能电网的认证与密钥协商协议，通常采用椭圆曲线加密技术进行协议的构建，以实现智能电表匿名和不可追踪。然而，这类认证与密钥协商协议通常需要执行耗时的操作，如双线性配对操作等[96]，因而并不适用于对计算量有限制的智能电网环境。如何在智能电网环境中，构建一个具有隐私保护性质的轻量级认证与密钥协商协议，具有一定的挑战性。

4.2 基于椭圆曲线的匿名认证与密钥协商协议设计

在智能电网中，为了在智能电表和电力服务商之间提供有效的安全通信，常采用认证与密钥协商协议提供安全保障。智能电表和电力服务商进行电力信息传输之前，需要完成智能电表和电力服务商之间的相互身份认证，并在认证过程中实现共享会话密钥的协商。协商出的共享会话密钥将用于加密之后需要传输的电力信息，用于保护电力信息在不安全公网中的传输。此外，为了有效保护用户的隐私，防止攻击者通过截获传输的信息实时有针对性的攻击，在认证与密钥协商过程中需要提供用户匿名和不可追踪性，来保护用户的隐私。本节将给出智能电网环境中，认证与密钥协商协议的设计实例。

4.2.1 协议设计

本节对提出的智能电网环境下的认证与密钥协商协议设计过程进行详细描述，提出的认证与密钥协商协议包括两个阶段，分别为初始化阶段和认证与密钥协商阶段。具体设计过程描述如下。

1. 初始化阶段

在初始化过程中，控制中心和电力服务商计算产生用于认证与密钥协商的相关安全参数。

步骤 L1：控制中心选取椭圆曲线 $E_p(a, b)$: $y^2=x^3+ax+b \pmod p$，其中 p 为大素数，$a, b\in F_p$，且 $4a^3+27b^2\neq 0 \pmod p$。椭圆曲线上所有整点的集合构成循环加法群 G，且 G 有素数阶 q, P 为生成元。控制中心将 P 点存储在智能电表 SM_i 的防篡改设备中，同时电力服务商也保存该值。

步骤 L2：控制中心为每个智能电表 SM_i 分配一个身份 ID_i，并将该身份信息 ID_i 存储在相应的防篡改设备中。然后，智能电表 SM_i 的身份信息 ID_i 将写入控制中心的身份列表中。接下来，控制中心通过安全方式将该身份列表发送给相应的电力服务商，并为每个电力服务商 SP_j 分配一个身份信息 SID_j。电力服务商 SP_j 将其身份信息 SID_j 安全的存储在其内存中。最后，控制中心选取一个安全的哈希函数 $h(\cdot)$：$\{0,1\}^*\rightarrow\{0,1\}^k$，电力服务商 SP_j 和智能电表 SM_i 防篡改设备将存储该哈希函数。

步骤 L3：电力服务商 SP_j 选取一个高熵随机数 s 作为对称加解密算法的密钥。然后，电力服务商 SP_j 选择一个高熵随机数 $sk<n$ 作为其私钥，并计算相应的公钥 $pk=skP$，其中 n 是基点 P 的阶。计算得到的公/私钥对(pk, sk)将用于加解密。接下来，电力服务商 SP_j 为每一个智能电表 SM_i，计算 $C_1=E_s(ID_i)$ 和 $C_2=SID_jP$。电力服务商 SP_j 秘密保存系统私钥 s 和公/私钥对(pk, sk)。此外，电力服务商 SP_j 将公钥 pk 和秘密对(C_1, C_2)写入相应的每一个智能电表 SM_i 防篡改设备中。

2. 认证与密钥协商阶段

在认证与密钥协商过程中，电力服务商 SP_j 和智能电表 SM_i 执行如下四个步骤来实现相互认证与密钥协商。

步骤 A1：首先，智能电表 SM_i 随机选取一个高熵随机数 r_1，并计算 $C_3=e_{pk}(ID_i\|C_1\|r_1)$，其中 $e_{pk}(\cdot)$表示公钥加密算法，加密密钥为电力服务商 SP_j 的公钥 pk。此外，$C_1=E_s(ID_i)$ 是存储在智能电表 SM_i 防篡改设备中的秘密信息。最后，智能电表 SM_i 发送信息 $C_3=e_{pk}(ID_i\|C_1\|r_1)$给电力服务商 SP_j。

步骤 A2：接收到智能电表 SM_i 发送的信息后，电力服务商 SP_j 采用它自己的私钥 sk 解密接收到的信息 C_3，来获取 ID_i、C_1 和 r_1。然后，电力服务商 SP_j 通过查询身份验证列表来验证 ID_i 是否有效。如果无效，将终止认证过程。否则，电力服务商 SP_j 采用系统私钥 s 解密 C_1 来获取 ID_i。接下来，电力服务商 SP_j 对比通过 C_3 解密得到的 ID_i 与通过 C_1 解密得到的 ID_i 是否相同。如果不相同，则终止认证过程。否则，电力服务商 SP_j 选择两个高熵随机数 r_2、r_3，计算共享会话密钥 $SK=h(r_1\|r_2)$ 和认证信息 $C_4=E_{r1}(SID_j\|r_2)$，其中 $E_{r1}(\cdot)$ 为对称加密算法，加密密钥为 r_1。最后，电力服务商 SP_j 将消息(C_4, r_3)发送给智能电表 SM_i。

需要说明的是，整数 r_3 只用于验证消息的新鲜性，因此不需要加密。此外，共享会话密钥的构成中不包含 r_3，即使攻击者获取了该随机数 r_3，也不会增加攻击者获取共享会话密钥的优势。因此，用于验证新鲜性的随机数 r_3 可以采用明文方式进行传输。

步骤 A3：接收到电力服务商 SP_j 发送的消息(C_4, r_3)后，智能电表 SM_i 采用 r_1 解密消息 C_4，来获取 r_2 和 SID_j。然后，智能电表 SM_i 计算 SID_jP，并验证等式 $C_2?=SID_jP$。如果该等式不成立，则终止认证过程。如果该等式成立，则智能电表 SM_i 计算共享会话密钥 $SK'=h(r_1\|r_2)$ 和认证信息 $C_5=h(SK'\|(r_3+1))$。接下来，智能电表 SM_i 将认证信息 C_5 发送给电力服务商 SP_j。

步骤 A4：接收到智能电表 SM_i 发送的消息 C_5 后，电力服务商 SP_j 验证接收到的信息 C_5 的值是否等于它计算的 $h(SK\|(r_3+1))$值。如果不相等，则终止会话过程。如果相等，电力服务商 SP_j 将 SK 作为它与智能电表 SM_i 之间的共享会话密钥。

在提出的协议中，如果电力服务商从 SP_j 变成了 SP_k，那么首先，电力服务商 SP_j 将向控制中心通过安全方式提交它自己与所有相关智能电表的共享会话密钥，并删除身份验证列表和共享会话密钥。然后，控制中心将电力服务商 SP_j 提交的身份验证列表、智能电表的身份信息和所有的共享会话密钥通过安全方式发送给新的电力服务商 SP_k。此外，控制中心选择一个安全的哈希函数并将该哈希函数发送给电力服务商 SP_k。接下来，电力服务商 SP_k 完成初始化过程，他将采用相应的共享会话密钥加密秘密信息，包括秘密对(C_1, C_2)、公钥 pk 和哈希函数。然后，电力服务商 SP_k 可以安全地传输信息给相应的智能电表。智能电表防篡改设备可以安全地更新信息。新的电力服务商 SP_k 和用户可以采用提出的认证与密钥协商协议实现共享会话密钥的协商，从而实现安全的电力服务商更换。

在提出的协议中，在防篡改设备中存储的是秘密信息(C_1,C_2)，而不是直接将共享密钥进行预存储。秘密信息(C_1,C_2)将用于相互认证和密钥协商。协议中共享会话密钥是由两个高熵随机数构成的，而这两个高熵随机数又是由电力服务商和智能电表在每次认证和密钥协商过程中自由选择的。显然，秘密信息(C_1,C_2)与生成的共享会话密钥是无关联的。那么，即使存储在智能电表防篡改设备中的秘密信息(C_1, C_2)丢失了，攻击者获取了该秘密信息也不会增加他得到共享会话密钥的优势。如果是将共享会话密钥预先存储在防篡改设备中，那么攻击者有可能获取该共享会话密钥，并采用该密钥解密截获的信息，从而得到传输的真实消息。

4.2.2 安全性分析

本章将采用 GNY 逻辑对提出的认证与密钥协商协议的安全性进行分析。GNY 逻辑的公式和声明在2.3.1节进行了详细阐述，本节直接给出目标和证明过程。

1. 协议描述和目标

将提出的认证与密钥协商协议转换成如下形式 $P\rightarrow Q:(X)$，并对一些符号的变换进行如下说明。服务器私钥表示为$-K$，相应的公钥表示为$+K$。

(1) $U\rightarrow S$: $(\{ID_i\|\{ID_i\}_s\|r_1\}_{+K})$。

(2) $S\rightarrow U$: $(\{SID_j\|r_2\}_{r_1}, r_3)$。

(3) $U\rightarrow S$: $(h(h(r_1\|r_2)\|(r_3+1)))$。

下面给出协议应达到的目标。

(1) 信息内容认证。

目标1：S相信第一轮发送的信息是可识别的。

$$S|\equiv \phi\{ID_i\|\{ID_i\}_s\|r_1\}_{+K}$$

目标2：U相信第二轮发送的消息是可识别的。

$$U|\equiv \phi(\{SID_j\|r_2\}_{r_1}, r_3)$$

目标3：S相信第三轮发送的信息是可识别的。

$$S|\equiv \phi(h(h(r_1\|r_2)\|(r_3+1)))$$

(2) 信息源认证。

目标4：U相信S在第二轮中发送的消息。

$$U|\equiv S|\sim \{SID_j\|r_2\}_{r_1}$$

目标5：S相信U在第三轮中发送的消息。

$$S|\equiv U|\sim h(h(r_1\|r_2)\|(r_3+1))$$

(3) 会话密钥原料建立。

目标6：U相信S相信SK是U和S之间合适的共享秘密。

$$U|\equiv S|\equiv U\xleftrightarrow{SK}S$$

目标7：U相信SK是U和S之间的共享秘密。

$$U|\equiv U\xleftrightarrow{SK}S$$

目标 8：S 相信 U 拥有 SK。

$$S|\equiv U\ni SK$$

目标 9：S 相信 U 相信 SK 是 U 和 S 之间的共享秘密。

$$S|\equiv U|\equiv U\xleftrightarrow{SK}S$$

2. 假设列表

假设(1) 提出的协议中，密钥 s 是由 S 生成的，因此可以假设 S 拥有 s。S 也拥有私钥 $-K$ 和公钥 $+K$。

$$S\ni s, S\ni +K, S\ni -K$$

假设(2) 由于 S 保存身份验证列表，S 相信 ID_i 是可识别的。

$$S|\equiv \phi(ID_i)$$

假设(3) 由于 U 秘密存储 $C_2=SID_jP$ 并拥有基点 P，则 U 可以验证 SID_j 并相信 SID_j 是可识别的。

$$U|\equiv \phi(SID_j)$$

假设(4) 在协议中，随机数 r_1 是由 U 生成的，因此，U 拥有 r_1 并相信 r_1 是新鲜的。

$$U\ni r_1, U|\equiv \#(r_1)$$

(5) 协议中，随机数 r_1 是由 U 生成的，并作为当前临时会话密钥的一部分。因此假设 U 相信 r_1 是它与 S 之间合适的秘密。

$$U|\equiv U\xleftrightarrow{r_1}S$$

假设(6) 协议中，随机数 r_2 和 r_3 由 S 生成，因此 S 拥有 r_2 和 r_3，并相信 r_3 是可识别的且 r_2 是新鲜的。

$$S\ni r_3,\ S|\equiv \phi(r_3), S\ni r_2, S|\equiv \#(r_2)$$

假设(7) 由 S 生成的 SK 是当前的临时会话密钥，因此假设 S 相信 SK 是它与 U 之间合适的共享会话密钥。

$$S|\equiv S\xleftrightarrow{SK}U$$

假设(8) U 相信服务器 S 是授权方，生成了 U 和 S 之间的共享会话密钥。

$$U|\equiv S|\Rightarrow U\xleftrightarrow{SK}S$$

3. 采用 GNY 逻辑进行证明

下面给出 GNY 逻辑证明过程。其中符号($T1$, $P1$, F1, J1, I1)等表示 GNY 逻辑假设完整列表中的索引。

第一轮：

$$\frac{S|\equiv\phi(ID_i), S\ni s}{S|\equiv\phi\{ID_i\}_s, S|\equiv\phi(ID_i\|\{ID_i\}_s\|r_1)}$$

根据 $R1$，$R2$，如果 S 相信 ID_i 是可识别的且 S 拥有密钥 s，那么 S 相信采用 s 加密的身份信息 ID_i 可识别，则($ID_i\|\{ID_i\}_s\|r_1$)是可识别的。

$$\frac{S|\equiv\phi(ID_i\|\{ID_i\}_s\|r_1), S\ni +K}{S|\equiv\phi\{ID_i\|\{ID_i\}_s\|r_1\}_{+K}}$$

根据 $R3$，若 S 相信($ID_i\|\{ID_i\}_s\|r_1$)是可识别的且 S 拥有公钥$+K$，则它相信加密信息$\{ID_i\|\{ID_i\}_s\|r_1\}_{+K}$是可识别的。因此，提出的协议中，服务器 S 在第一轮中，可以识别信息$\{ID_i\|\{ID_i\}_s\|r_1\}_{+K}$。　(目标 1)

第二轮：

$$\frac{U|\equiv\phi(SID_j), U\ni r_1}{U|\equiv\phi(SID_j\|r_2), U|\equiv\phi\{SID_j\|r_2\}_{r_1}}$$

根据 $R1$, $R2$，如果 U 相信 SID_j 是可识别的，那么 U 相信含有 SID_j 的公式($SID_j\|r_2$)是可识别的。由于 U 拥有 r_1，它相信加密信息$\{SID_j\|r_2\}_{r1}$是可以识别的。

$$\frac{S|\equiv\phi\{SID_j\|r_2\}_{r_1}}{S|\equiv\phi(\{SID_j\|r_2\}_{r_1}, r_3)}$$

根据 $R1$，如果 S 相信$\{SID_j\|r_2\}_{r1}$是可识别的，那么它相信含有$\{SID_j\|r_2\}_{r1}$的信息($\{SID_j\|r_2\}_{r1}$, r_3)是可识别的。因此，可以推出，在提出的协议中，U 在第二轮中可以识别信息($\{SID_j\|r_2\}_{r1}$, r_3)。　(目标 2)

$$\frac{U\lhd *\{SID_j\|r_2\}_{r_1}, U\ni r_1, U|\equiv U\overset{r_1}{\longleftrightarrow}S, U|\equiv\phi(SID_j\|r_2), U|\equiv\#(r_1)}{U|\equiv S|\sim\{SID_j\|r_2\}_{r_1}, U|\equiv S\ni r_1}$$

根据 $I1$，如果满足如下所有条件，那么 U 被认为相信 S 曾经发送过采用密钥 r_1 加密的信息($SID_j\|r_2$)且 U 相信 S 拥有 r_1。①U 收到了用密钥 r_1 加密的信息($SID_j\|r_2$)且标识有非原始记号；②U 拥有 r_1；③U 相信 r_1 是它与 S 之间合适的秘密；④U 相信($SID_j\|r_2$)是可识别的；⑤U 相信 r_1 是新鲜的。　(目标 4)

根据 GNY 逻辑，假设 $U|\equiv S|\Rightarrow S|\equiv *$，即 U 相信 S 是诚实的完整的，则可以推导出如下声明：

$$\frac{U|\equiv S|\Rightarrow S|\equiv *, U|\equiv S|\sim(\{SID_j\|r_2\}_{r_1}, r_3) \sim> S|\equiv U \xleftrightarrow{SK} S), U|\equiv \#(\{SID_j\|r_2\}_{r_1}, r_3)}{U|\equiv S|\equiv U \xleftrightarrow{SK} S}$$

根据 $J2$，若 U 相信 S 是诚实的完整的，且 U 收到了它认为是 S 发送的消息 $(\{SID_j\|r_2\}_{r_1},\ r_3) \sim> S|\equiv U \xleftrightarrow{SK} S)$，则 U 相信 S 相信 $U \xleftrightarrow{SK} S$。因此，U 相信 S 相信 SK 是 U 和 S 之间合适的秘密。　(目标 6)

$$\frac{U|\equiv S|\Rightarrow U \xleftrightarrow{SK} S, U|\equiv S|\equiv U \xleftrightarrow{SK} S}{U|\equiv U \xleftrightarrow{SK} S}$$

根据 $J1$，若 U 相信 S 授权声明 $U \xleftrightarrow{SK} S$ and S believe in $U \xleftrightarrow{SK} S$，则 U 相信 $U \xleftrightarrow{SK} S$。因此，U 相信 SK 是 U 和 S 之间合适的秘密。　(目标 7)

第三轮：

$$\frac{S \lhd \{ID_i\|\{ID_i\}_s\|r_1\}_{+K}, S \ni -K}{S \lhd (ID_i\|\{ID_i\}_s\|r_1), S \lhd r_1}$$

根据 $T3$，$T4$，若 S 被告知采用公钥+K 加密的信息$(ID_i\|\{ID_i\}_s\|r_1)$且拥有相应的私钥–K，则认为它被告知加密公式的解密内容和公式的组成信息 r_1。

$$\frac{S \lhd r_1, S \ni r_2, S \ni r_3}{S \ni r_1, S \ni (r_1\|r_2), S \ni h(r_1\|r_2), S \ni (r_3+1)}$$

根据 $P1$，$P2$，$P4$，若 S 被告知了 r_1，则它有能力拥有 r_1。如果 S 也拥有 r_2，那么它拥有$(r_1\|r_2)$和 $h(r_1\|r_2)$。同理，如果 S 拥有 r_3，那么它拥有(r_3+1)。

$$\frac{S \ni h(r_1\|r_2), S \ni (r_3+1)}{S \ni (h(r_1\|r_2)\|(r_3+1))}$$

根据 $P2$，如果 S 拥有 $h(r_1\|r_2)$和(r_3+1)，那么它拥有 $(h(r_1\|r_2)\|(r_3+1))$。

$$\frac{S|\equiv \phi(r_3)}{S|\equiv \phi(h(r_1\|r_2)\|(r_3+1))}$$

根据 $R1$，若 S 相信 r_3 是可识别的，则 S 相信(r_3+1)是可识别的且含有(r_3+1)的信息$(h(r_1\|r_2)\|(r_3+1))$也是可识别的。

$$\frac{S|\equiv \phi(h(r_1\|r_2)\|(r_3+1)), S \ni (h(r_1\|r_2)\|(r_3+1))}{S|\equiv \phi h(h(r_1\|r_2)\|(r_3+1))}$$

根据 $R5$，若 S 相信$(h(r_1\|r_2)\|(r_3+1))$是可识别的，且它拥有$(h(r_1\|r_2)\|(r_3+1))$，则被认为它相信 $h(h(r_1\|r_2)\|(r_3+1))$是可识别的。因此，S 在第三轮中相信 $h(h(r_1\|r_2)\|(r_3+1))$是可识别的。　(目标 3)

$$\frac{S|\equiv\#(r_2), S\ni(r_1\|r_2)}{S|\equiv\#(r_1\|r_2), S|\equiv\#(h(r_1\|r_2))}$$

根据 $F1$，$F10$，若 S 相信 r_2 是新鲜的，则被认为它相信 $h(r_1\|r_2)$是新鲜的。如果 S 也拥有$(r_1\|r_2)$，则被认为它相信 $h(r_1\|r_2)$是新鲜的。

$$\frac{S<*h((r_3+1),<SK>), S\ni((r_3+1),SK), S|\equiv S\xleftrightarrow{SK}U, S|\equiv\#(SK)}{S|\equiv U|\sim((r_3+1),<SK>), S|\equiv U|\sim h((r_3+1),<SK>)}$$

根据 $I3$，若满足如下所有条件，则 S 相信 U 曾经发送过$((r_3+1), SK)$和 $h(h(r_1\|r_2)\|(r_3+1))$。①S 收到的公式中含有(r_3+1)单向哈希式且 SK 标识有非原始记号；②S 拥有(r_3+1)和 SK；③S 相信 SK 是它与 U 之间合适的秘密；④S 相信 SK 是新鲜的。因此，S 相信信息 $h(h(r_1\|r_2)\|(r_3+1))$在提出协议的第三轮中是由 U 发送的。　(目标 5)

$$\frac{S|\equiv U|\sim((r_3+1),SK), S|\equiv\#(SK)}{S|\equiv U|\sim SK, S|\equiv U\ni SK}$$

根据 $I6$，$I7$，若 S 相信 U 曾经发送过信息$((r_3+1), SK)$，则它相信 U 曾经发送过 SK。若 S 相信 SK 是新鲜的，则它相信 U 拥有 SK。因此，S 相信 U 拥有 SK。(目标 8)

根据 GNY 逻辑，假设$U|\equiv S|\Rightarrow S|\equiv *$，即 S 相信 U 是诚实的完整的，则可以推导出如下声明：

$$\frac{S|\equiv U|\Rightarrow U|\equiv *, S|\equiv U|\sim(h(SK\|(r_3+1))\sim>U|\equiv U\xleftrightarrow{SK}S), S|\equiv\#(SK\|(r_3+1))}{S|\equiv U|\equiv U\xleftrightarrow{SK}S}$$

根据 $J2$，若 S 相信 U 是诚实的完整的，且 S 认为它收到了 U 发送的信息 $h(SK\|(r_3+1))\sim>U|\equiv U\xleftrightarrow{SK}S$，则 S 相信 U 相信$U\xleftrightarrow{SK}S$。因此，可以推导出 S 相信 SK 是 U 和 S 之间合适的秘密。　(目标 9)

4.2.3　性能分析

本节，对提出的认证与密钥协商协议与其他相关协议[84-85]在计算、通信、存储开销方面进行分析和对比。提出的协议为智能电表提供了身份匿名。在提出的协议中，由于整个会话过程中，智能电表的身份信息是以加密方式进行传输的，攻击者无法通过截获通信信道上传输的信息来获取智能电表的真实身份信息。此外，即使攻击者获取了存储在智能电表防篡改设备中的秘密信息(C_1, C_2)和智能电表与电力服务商之间传输的所有信息，他也不能获取智能电表的真实身份信息。此外，提出的认证与密钥协商协议提供相互认证和共享会话密钥协商。下面对提出的协议和相关协议[84-85]在计算开销方面进行对比。所用到的符号定义如下。

(1) T_x：执行模幂操作的时间。

(2) T_m：执行椭圆曲线点乘算法的时间。

(3) T_h：执行单向哈希操作的时间。

(4) T_e：执行对称加密操作的时间。

(5) T_d：执行对称解密操作的时间。

(6) T_{ae}：执行非对称加密操作的时间。

(7) T_{ad}：执行非对称解密操作的时间。

(8) T_{hmac}：执行基于哈希的 HMAC 操作的时间。

根据表 4-1，在提出的协议中，初始化过程中，电力服务商端的计算开销为 T_m+T_e。其中，一次椭圆曲线点乘操作 T_{m} 用于计算秘密信息 $C_2=SID_jP$，一次对称加密操作 T_e 用于生成秘密信息 $C_1=E_s(ID_i)$。在认证与密钥协商过程中，电力服务商端的计算开销为 $T_{ad}+T_h+T_d+T_e$，智能电表端的计算开销为 $T_m+T_{ae}+T_d+T_h$。智能电表需要采用电力服务商的公钥 pk 执行一次非对称加密操作来得到 $C_3=e_{pk}(ID_i\|C_1\|r_1)$，执行一次对称解密操作来获取 SID_j 和 r_2，执行一次椭圆曲线点乘操作来计算 SID_jP，执行一次哈希操作生成 $C_5=h(SK'\|(r_3+1))$。电力服务商需要执行一次非对称解密操作获取智能电表的身份信息 ID_i、随机数 r_1 及认证信息 C_1，执行一次单向哈希操作获取 $h(SK'\|(r_3+1))$，执行一次对称解密操作和一次对称加密操作。因此，提出的协议总的计算开销为 $T_{ae}+T_{ad}+2T_h+2T_m+2T_e+2T_d$。Chim 等提出的协议[84]总的计算开销为两次非对称加密操作 T_{ae}、两次非对称解密操作 T_{ad} 和两次基于哈希的 HMAC 操作 T_{hmac}，即 $2T_{ae}+2T_{ad}+2T_{hmac}$。Fouda 等提出的协议[85]总的计算开销为两次非对称加密操作 T_{ae}、两次非对称解密操作 T_{ad}、两次哈希函数操作 T_{h}、四次模幂操作 T_m 和一次基于哈希的 HMAC 操作 T_{hmac}，即 $2T_{ae}+2T_{ad}+2T_h+4T_m+T_{hmac}$。

表 4-1 本节提出的协议与相关协议的计算开销对比

	本节提出的协议	Chim 等得出的协议[84]	Fouda 等提出的协议[85]
智能电表	$T_m+T_{ae}+T_d+T_h$	$2T_{ae}+T_{hmac}$	—
电力服务商	$T_m+T_{ad}+2T_e+T_d+T_h$	T_{hmac}	—
控制中心	—	$2T_{ad}$	—
HAN	—	—	$2T_m+T_{ae}+T_{ad}+T_h+T_{hmac}$
BAN	—	—	$2T_m+T_{ae}+T_{ad}+T_h$
总和	$T_{ae}+T_{ad}+2T_h+2T_m+2T_e+2T_d$	$2T_{ae}+2T_{ad}+2T_{hmac}$	$2T_{ae}+2T_{ad}+2T_h+4T_m+T_{hmac}$

理论分析和实验结果表明，模幂操作 T_x 和非对称加解密操作 T_{ae}/T_{ad} 的执行时间要大于对称加解密操作 T_e/T_d 和椭圆曲线点乘操作 T_m 所需的执行时间。此外，与非对称加解密操作 T_{ae}/T_{ad} 和模幂操作 T_x 相比，哈希函数 T_h 的执行时间可忽略不计。根据表 4-1，本节提出的协议与 Fouda 等提出的协议[85]相比计算开销较小，这是因为，本节提出的协议有效避免了模幂操作并减少了非对称加解密操作的次数。本节提出的协议与 Chim 等提出的协议[84]相比有效减少了智能电表端的计算开销。尽管，Chim 等提出的协议[84]在电力服务商端的计算开销更小，但他们提出的协议不提供双向认证和密钥协商。

下面对本节提出的协议与相关协议[84, 85]在通信量和存储量两方面进行对比。由于 Fouda 等提出的协议[85]没用到抗篡改的存储设备，只将本节提出的协议与 Chim 等提出的协议[84]进行存储量方面的对比。在本节提出的协议中，智能电表端需要存储一个哈希函数和秘密信息(C_1, C_2, pk, P)，其中 C_1、C_2 和 P 是 1024 B，pk 为 128 B。在本节提出的协议中，智能电表防篡改设备所需的总存储量为 3200 B。Chim 等提出的协议[84]中，智能电表防篡改设备需要存储公钥 Pub_{cc}、私钥 S_r 和一对公/私钥对，还有智能设备的身份信息 RID_i 和 HMAC 函数。其中 Pub_{cc} 为 1024 B，S_r 为 128 B，RID_i 为 32 B，一对公/私钥为 204 B。因此，Chim 等提出的协议[84]中，智能电表防篡改设备所需的总存储量大于 3232 B。根据表 4-2，与 Chim 等提出的协议[84]相比，本节提出的协议降低了智能电表防篡改设备的存储开销。

表 4-2　本节提出的协议与相关协议在通信和存储开销方面的对比

	本节提出的协议	Chim 等提出的协议[84]	Fouda 等提出的协议[85]
存储开下(防篡改设备端)/B	3 200	3 232	—
通信开销/B	608	4 448	3 744

下面分析本节提出的协议所需的通信量。在实验中，智能电表的身份信息为 32 B，时间戳为 32 B，随机数为 64 B，签名为 160 B，模幂为 512 B。此外，256 B 的 AES 算法，其输出依赖于明文的输入长度。设文献[84-85]中采用的是 RSA 公钥加/解密算法。本节提出的协议与相关协议[84-85]在通信量方面的对比见表 4-2。本节提出的协议所需的平均通信量为 608 B。与文献[84-85]中提出的协议相比，本节构建的认证与密钥协商协议有效降低了通信量。

本节在智能电网环境下，给出了一个简单有效的认证与密钥协商协议。本节提出的认证与密钥协商协议采用了椭圆曲线加密机制，利用智能电表的防篡改设备实现了智能电表与电力服务商之间的相互认证和密钥协商。在本节提出的认证与密钥协商协议中，智能电表的身份信息是以密文方式进行传输的，攻击者不能通过截获智能电表与电力服务商之间的通信信息来获取智能电表的真实身份，实现了智能电表身份信息的有效保护。此外，采用 GNY 逻辑对本节提出的认证与密钥协商协议的完整性进行了证明。安全性分析与性能分析表明，本节提出的认证与密钥协商协议适用于智能电网环境。

4.3 基于动态列表的认证与密钥协商协议设计

在智能电网环境中设计认证与密钥协商协议时，由于智能电表端不能进行口令、生物信息的输入，双因子和三因子认证技术不能应用于认证与密钥协商协议的设计中。为了提高安全性，在智能电网环境中，通常采用公钥机制，特别是用高效的椭圆曲线密码机制来构造认证与密钥协商协议。然而，基于公钥密码体制的认证与密钥协商协议通常需要执行耗时的操作，如椭圆曲线点乘运算等。为了有效降低智能电表端的计算开销，学者提出应在智能电表端减少椭圆曲线点乘的运算，但为了保证安全性，基于椭圆曲线的认证与密钥协商协议在智能电表端的计算量仍然较高。

为了进一步降低智能电表端的计算量，本节针对智能电网环境，提出了一个轻量级的认证与密钥协商协议。提出的认证与密钥协商协议引入了动态验证列表的设计思想，并假定智能电表端能采用防篡改设备存储一些秘密信息，来构建基于对称加密机制的轻量级认证与密钥协商协议。由于仅采用了对称加密机制和哈希操作，提出的认证与密钥协商协议有效地降低了认证与密钥协商所需的计算开销。下面将对提出的轻量级认证与密钥协商协议的设计思想和过程进行详细描述。

4.3.1 协议设计思想

为了在智能电网环境中实现智能电表与电力服务商间的相互认证，需要智能电表与电力服务商相互发送一些相关信息，其中包括与智能电表相关的隐私信息，如智能电表的身份信息。一旦这些隐私信息泄露了，攻击者就有可能对智能电网实施一系列有针对性的攻击。因此，在智能电网中实现智能电表和电力服务商之间认证和密钥协商的过程中，应提供智能电表的匿名性和不可追踪性，从而有效地保护用户的隐私。智能电表的匿名性用于抵御攻击者获取智能电表的真实身份。智能电表的不可追踪性则用于确保攻击者不能有效区分两次服务会话是否来自同一个智能电表。为了在认证与密钥协商过程中，提供智能电表的匿名性和不可追踪性，学者提出了各种匿名的认证与密钥协商协议。然而，这些解决方案大多需要在智能电表端执行耗时的操作，因而不能直接应用于智能电网环境。

如何构建一个高效的具有隐私保护功能的认证与密钥协商协议，以满足智能电网对安全性和能耗的要求，仍然是一个有待解决的问题。本节，将提出一个全新的认证与密钥协商协议，以解决上述问题。本节提出的认证与密钥协商协议采用了轻量级操作，来实现快速认证和密钥协商，并采用动态验证列表的思想，来实现智能电表匿名和不可追踪性，在降低能耗的同时为用户的隐私提供了有效的保护。安全性分析和实验结果表明，提出的认证与密钥协商协议能满足智能电网高安全性与低能耗的需求。

1. 网络模型

在提出的协议的网络模型中包括两类实体，分别为智能电表和电力服务商。智能电表安装在室内用于采集电量消耗数据和控制智能装置。假设智能电表中包含一个防篡改设备[101]，存储在该设备中的信息是安全的。在智能电网中，电力信息的传输是暴露在电网中的，因此智能电网更易于遭受的恶意攻击。

为了保护传输的电力数据，智能电表和电力服务商之间需要进行相互认证，并协商出一个共享会话密钥，用于加密之后需要传输的电力信息，实现电力信息在智能电网中的安全传输。如图 4-2 所示，当智能电表需要与相应的电力服务商进行通信时，它需要对电力服务商的身份进行认证。与此同时，电力服务商也需要认证智能电表的身份。相互认证成功后，智能电表和电力服务商之间将会生成一个共享会话密钥，该密钥将用于加密之后智能电表和电力服务商之间所需传输的电力信息。

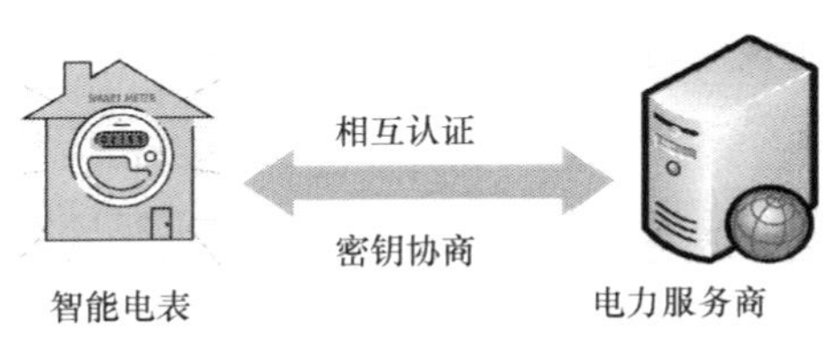

图 4-2 认证与密钥协商协议的网络模型

2. 攻击者模型

攻击者有能力控制整个智能电网的通信信道并截获智能电表和电力服务商之间传输的所有信息。攻击者在协议执行过程中拥有各种攻击能力。

攻击者有能力获取电力服务商的主密钥，或电力服务商的身份信息，但是不能同时获取电力服务商的主密钥和真实身份。攻击者有能力获取电力服务商存储在服务器数据库中的动态验证列表。攻击者可以物理俘获智能电表，但是无法获取存储在智能电表防篡改设备中的信息。

3. 安全需求

根据智能电网的网络结构，并基于先前的认证与密钥协商的研究工作[98-100]，本节对智能电网环境中认证与密钥协商协议所需满足的安全需求进行如下归纳。

(1) 相互认证：为了确保只有授权的智能电表可以访问电力服务信息，智能电网中的智能电表和它相应的电力服务商之间需要完成相互认证。

(2) 具备智能电表匿名和不可追踪性：在获取智能电网服务过程中，为了保护用户的隐私，需要具备智能电表匿名和不可追踪性。智能电表匿名和不可追踪安全属性确保了攻击者既不能获取智能电表的真实身份，也不能区分两次会话是否来自同一个智能电表，从而为用户的隐私提供有效的安全保护。

(3) 密钥协商：智能电表与电力服务商之间的信息传输需要采用共享密钥进行加密，来保护传输的电力信息。密钥协商确保了采用的共享会话密钥在每一轮会话过程中都是唯一的，且只有完成了会话密钥协商的通信双方知道该共享会话密钥。

(4) 提供安全特征：认证与密钥协商协议需要提供一系列的安全特征，包括完美前向安全、已知密钥安全、会话密钥安全、相互认证和无时钟同步需求等。

(5) 抵抗已知攻击：认证与密钥协商协议能抵抗已知攻击，包括重放攻击、假冒攻击和中间人攻击等。

4.3.2 协议设计

提出的基于动态验证列表的认证与密钥协商协议共包括两个阶段，分别为注册阶段和认证与密钥协商阶段。表 4-3 给出了提出的认证与密钥协商协议中用到的符号及这些符号相应的说明。

表 4-3 符号及其说明表

符号	说明
SM_i	智能电网环境中第 i 个智能电表
SP_j	智能电网中第 j 个电力服务商
ID_i	智能电表 SM_i 的身份
ID_j	电力服务商 SP_j 的身份
s	电力服务商 SP_j 的主密钥
r_1, r_2, r_3	高熵随机数
Q_i	智能电表 SM_i 的唯一身份标识
k	对称加密密钥
$E_k()$	对称加密算法，密钥为 k
$D_k()$	对称解密算法，密钥为 k

1. 注册阶段

注册阶段，智能电表 SM_i 需要在电力服务商 SP_j 处进行注册，成为其合法用户。该阶段完成了智能电表 SM_i 在电力服务商 SP_j 处的注册，即智能电表 SM_i 成为电力服务商 SP_j 的合法用户。注册过程中，智能电表 SM_i 与电力服务商 SP_j 之间通过安全方式进行交互。注册完成后，智能电表 SM_i 与电力服务商 SP_j 将分别存储相应的机密信息，用于之后需要进行的相互认证和密钥协商过程。详细的注册过程如图 4-3 所示。

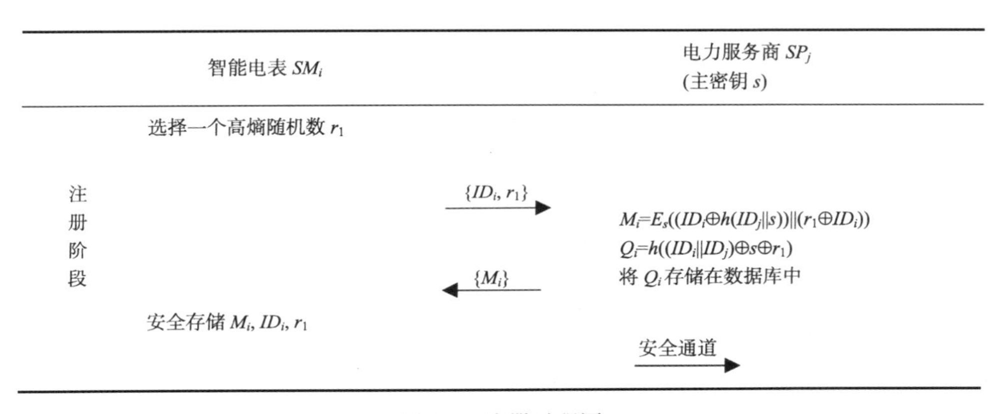

图 4-3　注册过程图

步骤 1：首先，智能电表 SM_i 生成一个高熵随机数 r_1。然后，智能电表 SM_i 将生成的 r_1 和他自身的身份信息 ID_i 通过安全方式发送给相应的电力服务商 SP_j。

步骤 2：当电力服务商 SP_j 接收到智能电表 SM_i 发送的信息 $\{ID_i, r_1\}$ 后，电力服务商 SP_j 将采用其自身的主密钥 s，加密信息 $(ID_i \oplus h(ID_j \| s)) \| (r_1 \oplus ID_i)$，从而生成机密信息 M_i。其中，加密内容由电力服务商 SP_j 自己的身份信息 ID_j、主密钥 s、智能电表 SM_i 的身份信息 ID_i 及高熵随机数 r_1 共同构成。随后，电力服务商 SP_j 为智能电表 SM_i 生成一个唯一的秘密信息 $Q_i=h((ID_i \| ID_j) \oplus s \oplus r_1)$，并将该秘密信息 Q_i 存储在自身的数据库中。最后，电力服务商 SP_j 通过安全方式将秘密信息 $\{M_i\}$ 发送给智能电表 SM_i。

步骤 3：智能电表 SM_i 接收到电力服务商 SP_j 发送的信息 $\{M_i\}$ 后，将信息 $\{M_i, ID_i, r_1\}$ 进行秘密存储。

2. 认证与密钥协商阶段

收到智能电表 SM_i 的登录请求后，电力服务商 SP_j 需要执行下面的步骤对智能电表的合法性进行判定。认证成功后，电力服务商 SP_j 将生成相关参数，计算会话密钥，并将参数安全地发送给合法的智能电表。这一阶段执行完毕之后，智

能电表 SM_i 与电力服务商 SP_j 之间将完成相互认证，并协商出一个共享会话密钥 SK。详细的认证与密钥协商过程如图 4-4 所示。

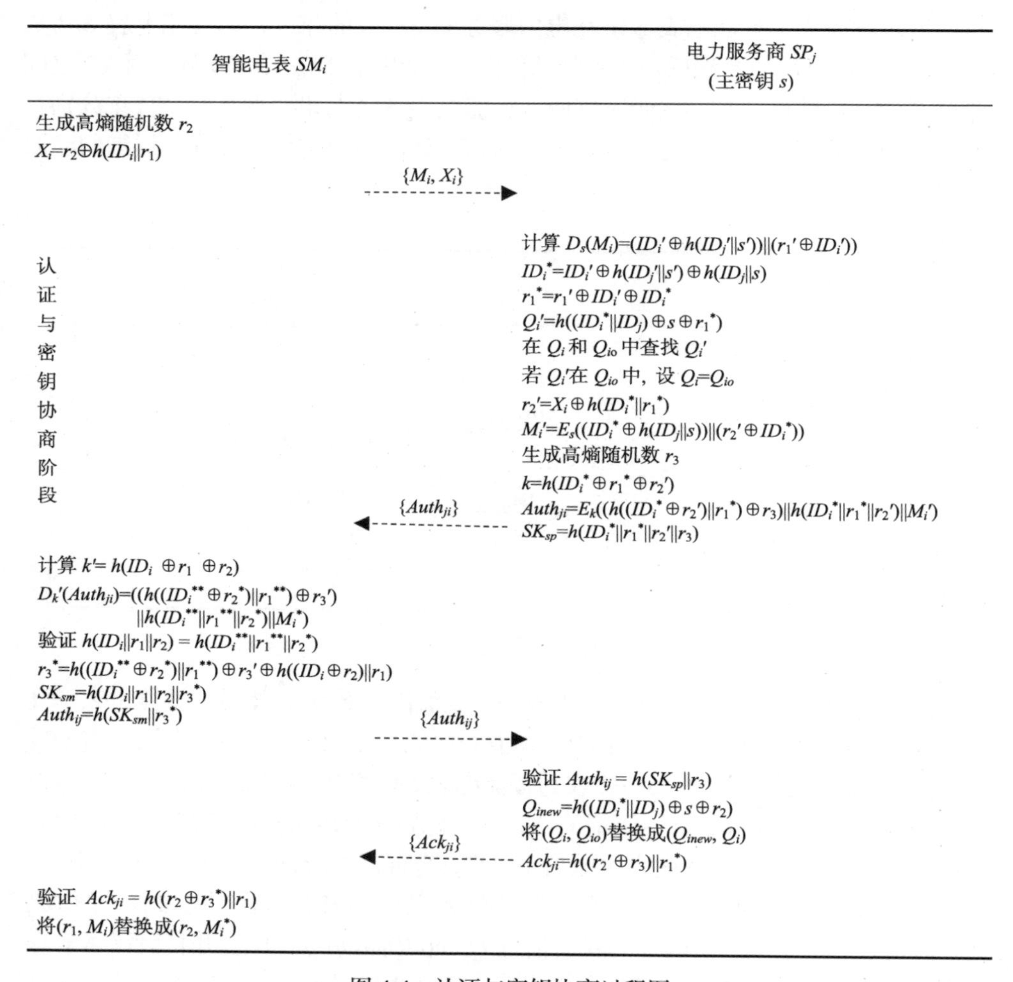

图 4-4　认证与密钥协商过程图

步骤 1：首先，智能电表 SM_i 生成一个高熵随机数 r_2。然后，智能电表 SM_i 用自己的身份信息 ID_i 和两个高熵随机数$\{r_1, r_2\}$，来计算 $X_i=r_2\oplus h(ID_i\|r_1)$。接下来，智能电表 SM_i 将信息$\{M_i, X_i\}$通过公共信道发送给电力服务商 SP_j。

步骤 2：当电力服务商 SP_j 接收到智能电表 SM_i 发送的信息$\{M_i, X_i\}$后，他将采用自己的主密钥 s 解密接收到的信息 M_i，从而获取信息 $ID_i'\oplus h(ID_j'\|s')$和 $r_1'\oplus ID_i'$。接下来，电力服务商 SP_j 采用解密得到的信息 $ID_i'\oplus h(ID_j'\|s')$，他自己的身份信息 ID_j 及主密钥 s，计算智能电表 SM_i 的身份信息 $ID_i^*=ID_i'\oplus h(ID_j'\|s')\oplus h(ID_j\|s)$。

得到智能电表 SM_i 的身份信息 ID_i^*后，电力服务商 SP_j 可以计算出高熵随机数 $r_1^*=r_1'\oplus ID_i'\oplus ID_i^*$，并可以进一步计算得到智能电表 SM_i 的秘密信息 $Q_i'=h((ID_i^*||ID_j)\oplus s\oplus r_1^*)$。在得到秘密信息 Q_i'后，电力服务商 SP_j 可以通过如图 4-5 所示的动态验证列表对智能电表 SM_i 的身份进行验证。

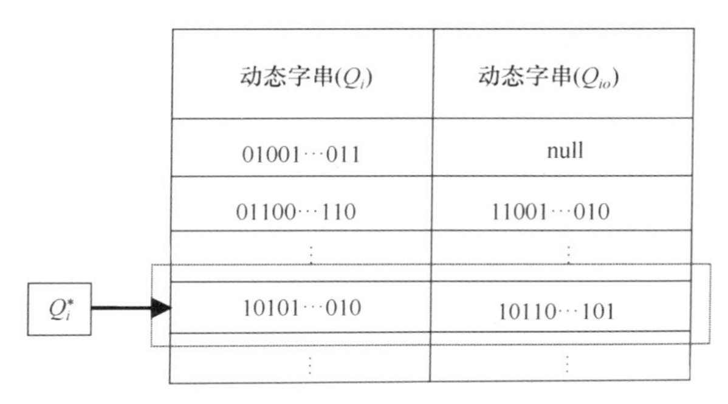

图 4-5　动态验证列表设计

首先，电力服务商 SP_j 在动态验证列表的“动态字符串(Q_i)”列中进行查找，如果找到了一个与 Q_i'相同的值，则电力服务商 SP_j 认为智能电表 SM_i 为合法智能电表。否则，电力服务商 SP_j 将继续在“动态字符串 (Q_{io})”列中进行查找，如果在这一列中找到了匹配的值，那么电力服务商 SP_j 将用 Q_{io} 替换该行 Q_i 的值。如果仍然失败，电力服务商 SP_j 将立即终止认证与密钥协商过程。

接下来，电力服务商 SP_j 采用接收到的信息 X_i，计算高熵随机数 $r_2'=X_i\oplus h(ID_i^*||r_1^*)$。然后，电力服务商 SP_j 通过将高熵随机数 r_1'替换成 r_2'，来构造新的 $M_i'=E_s((ID_i^*\oplus h(ID_j||s))||(r_2'\oplus ID_i^*))$，并用生新的 M_i'替换原来 M_i。接着，电力服务商 SP_j 将生成一个高熵随机数 r_3，并计算新的对称加密密钥 $k=h(ID_i^*\oplus r_1^*\oplus r_2')$。最后，电力服务商 SP_j 生成认证信息 $Auth_{ji}=E_k((h((ID_i^*\oplus r_2')||r_1^*)\oplus r_3)||h(ID_i^*||r_1^*||r_2')||M_i')$ 和共享会话密钥 $SK_{sp}=h(ID_i^*||r_1^*||r_2'||r_3)$，并发送认证信息$\{Auth_{ji}\}$给智能电表 SM_i。

步骤 3：当智能电表 SM_i 接收到电力服务商 SP_j 发送的认证信息$\{Auth_{ji}\}$后，他将采用自己的身份信息 ID_i 和两个高熵随机数$\{r_1, r_2\}$，来计算密钥 $k'=h(ID_i\oplus r_1\oplus r_2)$。然后，智能电表 SM_i 采用计算出来的密钥 k'，解密认证信息 $Auth_{ji}$，以获取信息 $h((ID_i^{**}\oplus r_2^*)||r_1^{**})\oplus r_3')$、$h(ID_i^{**}||r_1^{**}||r_2^*)$和 M_i^*。接下来，智能电表 SM_i 验证解密信息 $h(ID_i^{**}||r_1^{**}||r_2^*)$是否与计算出来的 $h(ID_i||r_1||r_2)$相等。如果不相等，智能电表 SM_i 将立即终止认证与密钥协商过程。如果相等，智能电表 SM_i 将计算 $r_3^*=h((ID_i^{**}\oplus r_2^*)||r_1^{**})\oplus r_3'\oplus h((ID_i\oplus r_2)||r_1)$，生成共享会话密钥 $SK_{sm}=h(ID_i||r_1||r_2||r_3^*)$。最后，智能电表 SM_i 构造认证信息 $Auth_{ij}=h(SK_{sm}||r_3^*)$，并将该认证信息发送给电力服务商 SP_j。

步骤 4：当电力服务商 SP_j 接收到智能电表 SM_i 发送的认证信息$\{Auth_{ij}\}$后，他将采用高熵随机数和共享会话密钥计算 $h(SK_{sp}||r_3)$，并验证接收到的认证信息 $Auth_{ij}$ 的值是否与计算出来的 $h(SK_{sp}||r_3)$的值相同。如果不相同，电力服务商 SP_j 将终止这次会话过程。否则，电力服务商 SP_j 将 SK_{sp} 作为他与智能电表 SM_i 之间的共享密钥保存起来，并计算新的 $Q_{inew}=h((ID_i^*||ID_j)\oplus s\oplus r_2)$。接下来，电力服务商 SP_j 将用(Q_{inew}, Q_i)来替换(Q_i, Q_{io})，并发送确认信息 $Ack_{ji}=h((r_2'\oplus r_3)||r_1^*)$给智能电表 SM_i。

步骤 5：当智能电表 SM_i 接收到电力服务商 SP_j 发送的确认信息$\{Ack_{ji}\}$后，他将其与 $h((r_2\oplus r_3^*)||r_1)$进行对比，来检查 Ack_{ji} 的合法性。如果这两个值相同，智能电表 SM_i 将接受 SK_{sm} 作为新的会话密钥，并将(r_1, M_i)替换成(r_2, M_i^*)。如果这一验证过程失败，或智能电表 SM_i 并没有在给定的时间内收到确认信息，该会话将被终止，并重新开启一轮新的会话。

最终，智能电表 SM_i 和电力服务商 SP_j 完成了相互认证并安全地协商出一个共享会话密钥 SK，该共享会话密钥将用来加密需要传输的电力信息。

4.3.3　安全性分析

本节对提出的匿名认证与密钥协商协议的安全性进行分析。首先，采用随机预言机模型[60, 61]对提出的认证与密钥协商协议的安全性进行形式化的证明。所采用的安全模型和安全定义描述如下。

1. 安全模型

提出的认证与密钥协商协议有两类参与者，分别为智能电表 SM_i 和电力服务商 SP_j，其中 SM_i 表示智能电表的第 i 个实例，SP_j 表示电力服务商的第 j 个实例。此外，攻击者 A 可以截获所有的传输消息并能控制整个传输信道。攻击者 A 在协议执行过程中拥有各种攻击能力。为了模拟真实的攻击，攻击者 A 具有多项式时间计算能力。攻击者 A 的能力由以下问询定义。

$Execute(SM_i, SP_j)$：本问询模拟被动的窃听攻击。当执行此问询时，SM_i 和 SP_j 诚实地执行协议并将传输的全部消息的一个副本发送给攻击者 A。

$Send(SM_i/SP_j, m)$：本问询模拟主动攻击。当攻击者 A 进行 $Send$ 问询时，他将发送信息 m 给 SM_i 或 SP_j。接下来，SM_i 或 SP_j 将诚实地执行相应的操作，并将执行后所得信息发送给攻击者。该问询模拟如重放攻击、假冒攻击等主动攻击形式。

$CorruptS(SP_j)$：该问询模拟针对完美前向安全的攻击。在问询 $CorruptS(SP_j)$ 后，攻击者 A 将获取电力服务商的长期私钥 s。

TestAKE(SM_i/SP_j)：该问询用于模拟会话密钥的语义安全。会话密钥的语义安全由抛掷一枚光滑均匀的硬币 b 定义。通过抛掷硬币以决定 b 的取值，该值对攻击者保密。如果 b=0，返回一个完全随机的二进制字符串给攻击者。如果 b=1，将返回当前 SM_i 和 SP_j 的正确会话密钥 SK 给攻击者。

Hash(x, $h(x)$)：哈希预言机维护一个$\{x, h(x)\}$的列表。当攻击者以 x 进行问询时，若 x 值存在，则返回对应的 $h(x)$给攻击者。若 x 值不存在，则返回一个均匀的随机字符串 k 给攻击者，并将$\{x, k\}$存入表中。

2. 语义安全

根据以上问询，攻击者 A 可通过一系列游戏与任意实例进行交互来帮助其猜测 b 的值。若 A 猜测正确，该协议不具备语义安全，反之则具备语义安全。令 *Succ* 表示事件 A 在游戏中获胜，则 A 获胜的语义安全的优势为 $Adv^{ake}(A)=|2\cdot\Pr[Succ]-1|$。若 $Adv^{ake}(A)$可被忽略，则该协议在定义的安全模型下是语义安全的。

3. 安全性证明

基于上述定义，攻击者 A 破解提出协议的会话密钥语义安全的优势为

$$Adv^{ake}(A) \leqslant 2Adv^{SE}(A)+(3q_{send}^2+q_h^2)/2^l$$

式中：$Adv^{SE}(A)$为攻击者 A 破解对称加密算法的优势；q_{send} 和 q_h 分别为在主动攻击和猜测密钥 k 时，*Send* 问询和 *Hash* 问询的次数；l 为安全参数。详细的证明过程如下。

安全性证明过程采用规约证明的方法。证明过程由一系列的游戏 G_i 组成，在每一轮游戏中，定义 E_i 为攻击者通过猜测 b 赢得游戏 G_i 这一事件。

游戏 G_0：该游戏模拟攻击者 A 对协议的一次真实攻击。根据上述定义，有

$$Adv^{ake}(A) = 2|\Pr[E_0]-1/2|$$

游戏 G_1：该游戏用于模拟被动的窃听攻击。本次游戏中，攻击者 A 通过多次询问 *Execute*(SM_i, SP_j)来增加优势。然后，攻击者 A 将询问 *Test* 并返回猜测的 b'。由于所有的信息都由哈希函数和对称加密算法保护，游戏 G_1 和 G_0 是不可区分的，可以得到：

$$\Pr[E_1] = \Pr[E_0]$$

游戏 G_2：该游戏通过问询 *Send*(SM_i/SP_j, m)和哈希预言机来模拟主动攻击。为了欺骗合法参与者，攻击者 A 需要伪造合法的信息，包括两个加密信息(M_i 和 $Auth_{ji}$)以及三个哈希信息(X_i、$Auth_{ij}$ 和 Ack_{ji})。然而，由于攻击者不知道密钥 s 和 k，他必须要破解对称加密算法。此外，由于哈希消息中含有高熵随机数，*Send* 问询中

不存在碰撞，根据生日碰撞原理，有

$$|\Pr[E_2]-\Pr[E_1]| \leqslant Adv^{SE}(A)+3\,q_{send}^2/2^{l+1}$$

游戏 G_3：在游戏 G_3 中，攻击者 A 试图伪造密钥 s 和 k 来欺骗预言机。由于 s 是 SP_j 的主密钥，且 $k=h(ID_i \oplus r_1 \oplus r_2)$，则攻击者 A 需要问询 $CorruptSP(SP_j)$和哈希预言机。该游戏对提出的协议的完美前向安全进行了模拟。即

$$\Pr[E_3]-\Pr[E_2] \leqslant q_h^2/2^{l+1}$$

当游戏 G_3 过后，尽管所有的预言都已被模拟，但攻击者 A 仍有一些优势来猜测随机比特 b。因此，攻击者 A 赢得游戏 G_3 的概率为

$$\Pr[E_3] = 1/2$$

综合上述式，能够得出攻击者 A 破解提出的协议的会话密钥安全的优势为

$$Adv^{ake}(A) \leqslant 2Adv^{SE}(A)+(3\,q_{send}^2+q_h^2)/2^l$$

因此，提出的认证与密钥协商协议具有会话密钥语义安全。

4. 已知攻击的安全性分析

本节对提出的认证与密钥协商协议是否能有效抵抗已知攻击进行分析。对于在随机预言机模型分析中讨论过的攻击，如重放攻击、修改攻击、假冒攻击等本节不再讨论。

1) 提出的协议可以有效抵抗去同步化攻击

在提出的认证与密钥协商协议中，电力服务商 SP_j 完成对信息 $Auth_{ij}$ 的认证后，将发送确认信息 Ack_{ji} 给智能电表 SM_i。如果智能电表 SM_i 对接收到的确认信息进行了成功验证，智能电表 SM_i 将其计算得到的会话密钥 SK_{sm} 作为他与电力服务商 SP_j 之间的共享会话密钥进行存储。如果认证信息 $Auth_{ij}$ 或确认信息 Ack_{ji} 在网络中发生了拥堵，那么智能电表 SM_i 在给定时间内将无法接收到确认信息 Ack_{ji}。在这种情况下，智能电表 SM_i 将删除计算出的会话密钥 SK_{sm}，并重新启动新的会话。在重新启动的新的认证与密钥协商过程中，电力服务商 SP_j 在动态验证列表中进行查询时，将在动态字串(Q_{io})列找到与 Q_i'相等的值，从而能完成相应的验证功能。因此，智能电表 SM_i 和电力服务商 SP_j 可以在重启的认证与密钥协商过程中完成相互认证和密钥协商。综上所述，提出的协议能有效抵抗去同步化攻击。

2) 提出的协议具备已知密钥安全

提出的认证与密钥协商协议中，会话密钥 $SK=h(ID_i\|r_1\|r_2\|r_3)$由智能电表 SM_i 的身份信息 ID_i 和三个高熵随机数(r_1, r_2, r_3)串接后的哈希值构造而成。高熵随机数 r_1 和 r_2 是由智能电表 SM_i 随机生成的，且在不同的阶段和不同的会话中是不同的。高熵随机数 r_3 则是由电力服务商 SP_j 随机生成的，且在不同的认证阶段其值也不

相同。由于在每一次会话过程中，三个高熵随机数(r_1, r_2, r_3)都是独立且随机生成的。因而，每一次会话过程中生成的共享会话密钥 SK 都是唯一的。攻击者无法通过已获取的共享会话密钥，计算得到其他共享会话密钥。因此，提出的认证与密钥协商协议具有已知密钥安全。

3) 提出的协议具备智能电表匿名

提出的认证与密钥协商协议中，所需传输的信息中，含有智能电表 SM_i 身份的传输信息有消息$\{M_i, X_i\}$和认证信息$\{Auth_{ij}, Auth_{ji}\}$。如果攻击者 Bob 试图从传输的信息 M_i 中，提取智能电表 SM_i 的身份信息 ID_i 的话，他需要正确地猜测电力服务商 SP_j 的主密钥 s，来解密信息 M_i。并且他还需要获取正确的高熵随机数 r_1 或电力服务商 SP_j 的身份信息 ID_j。在没有信息(s, ID_j)或者(s, r_1)的情况下，攻击者将无法从截获的信息 M_i 中获取智能电表 SM_i 的身份信息 ID_i。此外，在信息 X_i 中，智能电表 SM_i 的身份信息受到安全哈希函数和高熵随机数(r_1, r_2)的保护。因此，攻击者也无从获取的信息 X_i 中，计算得到智能电表 SM_i 的身份信息 ID_i。进一步，针对传输的认证信息 $Auth_{ji}$，智能电表 SM_i 的身份信息 ID_i 由对称加密算法和高熵随机数(r_1, r_2)保护，因而，攻击者也无法从认证信息 $Auth_{ji}$ 中成功获取智能电表 SM_i 的身份信息。同样，智能电表 SM_i 的身份信息 ID_i 在认证信息 $Auth_{ij}$ 中受到安全的哈希函数和高熵随机数(r_1, r_2, r_3) 的保护，所以，攻击者也不能从认证信息 $Auth_{ij}$ 中获取正确的智能电表 SM_i 的身份信息 ID_i。综上所述，提出的协议在认证和密钥协商过程中具有智能电表匿名性。

4) 提出的协议具备智能电表不可追踪

为了防止攻击者对智能电表进行追踪，提出的认证与密钥协商协议对每一轮会话过程中所需传输的信息进行了改变。即每一次会话过程中所传输的信息都不相同。在认证与密钥协商过程中，信息$\{M_i, X_i\}$、认证信息$\{Auth_{ij}, Auth_{ji}\}$及确认信息 Ack_{ji} 都会发生变化。这是因为，在每一轮会话过程中，高熵随机数(r_2, r_3)均由智能电表 SM_i 独立随机选取，且在每一次会话成功结束后，信息(r_1, M_i)将被更新为(r_2, M_i^*)。因此，攻击者将无法通过截获的通信信息来区分两个会话是否来自同一个智能电表 SM_i。综上所述，提出的协议在认证和密钥协商过程中具有智能电表不可追踪性。

4.3.4 性能分析

本节将对提出的认证与密钥协商协议与其他相关协议[87, 94, 99-100]在安全特征、计算量和通信量方面进行对比分析。

1. 安全性对比

提出的认证与密钥协商协议与相关协议[87, 90, 94, 99]在安全特征方面的对比见表 4-4。提出的认证与密钥协商协议可以满足更多的安全需求，且能抵抗各种已知攻击。特别是提出的认证与密钥协商协议在认证和密钥协商过程中，能提供智能电表匿名和不可追踪性，从而有效保护了用户的隐私。在智能电网环境中，智能电表匿名和不可追踪性是设计认证与密钥协商协议所需满足的安全属性，也是认证与密钥协商协议在实际应用中需要满足的重要安全属性。

表 4-4 本节提出的协议与相关协议安全特征对比表

	Xia 和 Wang 提出的协议[87]	Mohammadali 等提出的协议[90]	Mahmood 等提出的协议[94]	Kumar 等提出的协议[99]	本节提出的协议
抵抗重放攻击	Y	Y	Y	Y	Y
抵抗中间人攻击	Y	Y	Y	Y	Y
抵抗假冒攻击	N	Y	Y	Y	Y
具备完美前向安全	Y	Y	Y	Y	Y
具备已知密钥安全	Y	Y	Y	Y	Y
具备会话密钥安全	Y	Y	Y	Y	Y
提供相互认证	Y	Y	Y	Y	Y
具备智能电表匿名	N	N	N	Y	Y
具备智能电表不可追踪	N	N	N	—	Y
抵抗去同步化攻击	—	—	—	—	Y
抵抗盗取验证列表攻击	Y	Y	Y	Y	Y

Y 为抵抗该攻击或具备该安全属性；N 为不能抵抗该攻击或不具备该安全属性

2. 计算量对比分析

本节对提出的认证与密钥协商协议与相关协议[87, 90, 94, 99]在计算量方面进行对比分析。为了便于计算量的对比分析，本节中计算量对比中使用到的符号定义如下一组符号。

T_h：执行一次安全的单向哈希函数所需时间。

T_e：执行一次对称加密操作所需时间。

T_d：执行一次对称解密操作所需时间。

T_m：执行一次椭圆曲线点乘操作所需时间。

T_a：执行一次椭圆曲线点加操作所需时间。

T_{hmac}：执行一次基于哈希的 HMAC 操作所需时间。

树莓派 Pi 可用于模拟能量有限的智能电表。如图 4-6 所示，在实验中采用了树莓派 Pi 2 Model B 硬件设备，配置为 1.4 GHz 64B 的 quad-core Broadcom Arm Cortex A53 处理器，内存为 1.00 GB。采用计算机模拟电力服务商，其配置为 2.9GHz Intel(R) Pentium(R) G850 处理器，内存为 4.00GB。采用 OpenSSL 和 C++ 编写程序，所涉及的主要密码操作采用 OpenSSL 内置函数。

图 4-6　树莓派 Pi 2 Model B

由于通信实体间执行的主要操作为注册和认证与密钥协商过程，主要对这两个阶段的计算量进行对比分析。提出的认证与密钥协商协议与其他相关协议[87, 90, 94, 99]在计算量方面的对比见表 4-5。

表 4-5　提出协议与其他相关协议计算开销对比

协议	智能电表	电力服务商	总计算开销
Xia 和 Wang 提出的协议[87]	$3T_h+1T_d$ ≈0.047 ms	$3T_h$ ≈0.005 ms	$6T_h+1T_d$ ≈0.052 ms
Mohammadali 等提出的协议[90]	$3T_h+2T_m$ ≈14.868 ms	$4T_h+3T_m$ ≈0.825 ms	$7T_h+5T_m$ ≈15.693 ms
Mahmood 等提出的协议[94]	$3T_h+2T_m$ ≈15.014 ms	$2T_h+3T_m+1T_a$ ≈0.851 ms	$5T_h+5T_m+1T_a$ ≈15.965 ms

续表

协议	智能电表	电力服务商	总计算开销
Kumar 等提出的协议[99]	$3T_h+1T_e+1T_d$ $+2T_m+2T_{hmac}$ $\approx$16.346 ms	$4T_h+1T_e+1T_d$ $+3T_m+2T_{hmac}$ $\approx$0.976 ms	$7T_h+2T_e+2T_d$ $+5T_m+4T_{hmac}$ $\approx$17.306 ms
本节提出的协议	$7T_h+1T_d$ $\approx$0.245 ms	$9T_h+1T_d+2T_e$ $\approx$0.102 ms	$16T_h+2T_d+2T_e$ $\approx$0.347 ms

根据表 4-5，在 Xia 和 Wang 提出的协议[87]中，智能电表端需要执行三次哈希操作和一次解密操作，电力服务商端需要执行三次哈希操作，协议总执行时间约为 0.052 ms。Mohammadali 等提出的协议中[90]，智能电表端需要执行三次哈希函数操作和两次椭圆曲线点乘操作，电力服务商端要执行四次哈希操作和三次椭圆曲线点乘操作，协议总的执行时间约为 15.693 ms。Mahmood 等提出的协议中[94]，智能电表端需要执行两次椭圆曲线点乘操作和三次哈希函数操作，电力服务商端需要执行三次椭圆曲线点乘操作、一次椭圆曲线点加操作和两次哈希函数操作，协议总的执行时间约为 15.965 ms。Kumar 等提出的协议[99]在智能电表端需要执行三次哈希操作、一次对称加密操作、一次对称解密操作、两次椭圆曲线点乘操作和两次 HMAC 操作，电力服务商端需要执行四次哈希操作、一次对称加密操作、一次对称解密操作、三次椭圆曲线点乘操作和两次 HMAC 操作，协议总执行时间约为 17.306 ms。

本节提出的协议中，智能电表端需要执行七次哈希操作和一次对称解密操作，电力服务商端需要执行九次哈希操作、两次对称加密操作和一次对称解密操作，协议的总执行时间约为 0.347 ms。根据表 4-5，本节提出的协议与 Mohammadali 等提出的协议[90]、Mahmood 等提出的协议[94]、Kumar 等提出的协议[99]相比，降低的计算开销分别为 97.8%、97.8%和 98.0%。Xia 和 Wang 提出的协议[87]仅采用了哈希函数和对称加解密算法，计算开销最小。然而，他们提出的协议不能抵抗假冒攻击、已知密钥共享攻击，且不具备智能电表匿名和不可追踪性。本节提出的协议与 Xia 和 Wang 提出的协议[87]相比，虽然计算量稍有增加，但本节提出的认证与密钥协商协议提供了更多的安全特征。

3. 通信量对比

本节对提出的协议与相关协议[87, 90, 94, 99]的通信量进行对比分析。在实验中，哈希函数的输出长度为 20 B，160 bit。HMAC 的输出长度为 20 B，160 bit。椭圆曲线点乘的输出长度为 40 B，320 bit。本节提出的认证与密钥协商协议中，对称加密算法采用的是 128 B 的 AES 算法，其输出长度依赖于输入的明文长度。根据表 4-6，Xia 和 Wang 提出的协议[87]的通信量最小，只需要 108 B。Mahmood 等提出的协议[94]的通信量最大，需要 298 B。Kumar 等提出的协议[99]和 Mohammadali 等提出的协议[90]的通信量分别为 254 B 和 248 B。本节提出的协议所需通信量为 204 B，仅比最小通信量高 96 B，相对于其他认证与密钥协商协议[90, 94, 99]而言，其通信量较小。

表 4-6　提出协议与相关协议通信量对比

协议	Xia 和 Wang 提出的协议[87]	Mohammadali 等提出的协议[90]	Mahmood 等提出的协议[94]	Kumar 等提出的协议[99]	本节提出的协议
长度/B	108	248	298	254	204

4. 原型实验研究

为了进一步研究在智能电表计算能力有限的情况下，本节提出的认证与密钥协商协议的实用性，分别在树莓派 Pi2 Model B 和计算机上对所用到的密码操作进行实验模拟。实验中采用 OpenSSL 来仿真不同的密码操作，包括 SHA1(16 B)、异或(16 B)、AES-128 加/解密(16 B)及椭圆曲线点乘/点加(40 B)。每个算法均在树莓派 Pi Model B 和计算机上执行 100 次，其平均值列在表 4-7 中。

表 4-7　树莓派 Pi2 Model B 和计算机上不同密码操作的执行时间

操作	BCM2836	Intel Pentium G850
SHA1(16 B)	7821 ns	1599 ns
Xor(16 B)	2561 ns	475 ns
AES-128 加密(16 B)	17614 ns	3910 ns
AES-128 解密(16 B)	23135 ns	4367 ns
椭圆曲线点乘(40 B)	7396729 ns	270016 ns
椭圆曲线点加(40 B)	215588 ns	13670 ns

根据表 4-7，SHA1 和 AES-128 加/解密操作执行时间要低于椭圆曲线点乘/点加操作所需执行时间。因此，为了提高认证与密钥协商协议的性能，在智能电表端要尽量避免或减少执行椭圆曲线点乘或点加操作。由于本节提出的认证与密钥协商协议中，仅采用了轻量级的 SHA1 和 AES 加密/解密操作，在确保隐私的前提下有效降低了认证和密钥协商协议所需的计算开销，提高了协议的性能。

本节在智能电网环境下，提出了一个基于动态验证列表的高效认证与密钥协商协议。提出的协议实现了智能电表与电力服务商之间的快速认证和密钥协商。并在认证和密钥协商的过程中提供了智能电表匿名和不可追踪性。安全性分析表明，本节提出的协议不仅能抵抗已知攻击还具备一系列的安全属性。性能分析表明本节提出的认证与密钥协商协议与相关协议相比有效降低了计算开销。此外，还采用了树莓派 Pi 和计算机来模拟智能电网环境，实验结果表明本节提出的认证与密钥协商协议适用于智能电网环境。

4.4 结　　语

近几年，随着无线网络的快速发展，信息的安全传输引起了人们的关注。为了有效抵抗攻击者发起的各种攻击，保护网络中传输的信息，针对各种网络应用环境的认证与密钥协商协议相继提出。尽管有些设计巧妙的认证与密钥协商协议能够针对某种应用环境实现通信实体间的相互认证与共享会话密钥协商。但如何在认证与密钥协商协议的设计中实现安全性与性能的平衡，以满足高安全与低能耗的应用需求，仍然是目前设计认证与密钥协商协议的所需面对的挑战。随着认证与密钥协商协议的深入研究，以及学者对认证与密钥协商协议不断改进，现有的认证与密钥协商协议的设计更加完善，改进空间越来越小。因而，各种创新性思路陆续提出。例如，将隐秘通信的思想引入密钥协商设计中，或采用物理不可克隆函数模块来实现通信双方快速安全的认证与密钥协商。这些新的理论和方法，突破了传统认证与密钥协商协议设计的思路，拓展了认证与密钥协商的解决方法。下面对目前认证与密钥协商研究中的不足及展望进行阐述。

(1) 目前基于三因子的认证与密钥协商协议中，为了有效保护用户的身份信息和生物信息，需要实现用户身份的匿名和不可追踪，需要在保护用户生物信息的同时，实现通信方对用户生物信息的有效验证。如何在保护生物信息的前提下，实现生物信息的安全传输和生物信息的有效验证是需要解决的问题之一。目前常采用的解决方法是采用生物哈希来实现具有隐私保护性质的认证与密钥协商协议的构建。但在现有的研究中，对生物识别算法有效性的衡量方法较少。深度学习中对抗神经网络的方法将可能成为一种全新的解决思路，基于该方法有可能实现对原始生物信息和生成的生物信息模板的关联性检验。生物识别算法的发展或将成为认证与密钥协商协议设计的新突破口。

(2) 目前大多认证与密钥协商协议中都采用了智能卡技术来辅助完成通信实体间的认证与共享密钥协商。由于智能卡有可能丢失或被盗，那么存储在智能卡中的信息将会被泄露，攻击者可以通过智能卡中存储的信息和截获的传输信息实施一系列的攻击。因而，在设计认证与密钥协商协议的过程中，需要充分考虑智能卡被盗的情况。尽管诸多协议在其安全性证明或分析中被证明智能卡的丢失不会增加攻击者破解协议的优势。然而，仍然有某些协议陆续被证明不能有效抵御智能卡丢失造成的安全隐患。物理不可克隆函数模块等硬件设备的使用或在一定程度上能解决上述问题，使得认证与密钥协商协议的设计更加简洁。

(3) 现有的针对各种应用环境的认证与密钥协商协议，在应用场景的模拟上还存在不足。大多只完成了单设备与服务器之间的交互实验，并未对多设备同时与服务器进行认证与密钥协商的场景进行模拟，也没有分析丢包、拥塞发生时的网络状况。因此，应尽量真实地对认证与密钥协商协议的应用场景进行模拟，充分考虑应用环境中存在的各种因素，贴近实际的应用环境。此外，大多基于混沌映射的认证与密钥协商协议中，在性能分析里仅对协议所需的计算开销进行了理论分析。这主要是因为，轻量级切比雪夫混沌映射算法的设计仍然是一个难点。若能进一步加快切比雪夫混沌映射算法的计算速度，将有助于构建高安全性的轻量级认证与密钥协商协议。

参 考 文 献

[1] GOODE B. Voice over Internet Protocol (VoIP)[J]. Proceedings of the IEEE, 2002, 90(9):1495-1517.

[2] BUTCHER D, LI X, GUO J. Security challenge and defense in VoIP infrastructures[J]. IEEE Transactions on Systems, Man, and Cybernetics, Part C (Applications and Reviews), 2007, 37(6):1152-1162.

[3] ROSENBERG J, SCHULZRINNE H, CAMARILLO G, et al. SIP: session initiation protocol[J]. Encyclopedia of Internet Technologies & Applications, 2002, 58(2):1869 - 1877.

[4] LI J, KAO C, TZENG J. VoIP secure session assistance and call monitoring via building security gateway[J]. International Journal of Communication Systems, 2011, 24(7):837-851.

[5] YANG C, WANG R, LIU W. Secure authentication scheme for session initiation protocol [J]. Computers & Security, 2005, 24(5):381-386.

[6] DIFFIE W, HELLMAN M E. New directions in cryptography[J]. IEEE Transactions on Information Theory, 1976, 22(6):644-654.

[7] HUANG H, WEI W, BROWN G. A new efficient authentication scheme for session initiation protocol[M]. New Developments in the Visualization and Processing of Tensor Fields. 2006.

[8] JO H, LEE Y, KIM M, et al. Off-Line password-guessing attack to Yang's and Huang's authentication schemes for session initiation protocol[C]. Proceedings of INC, IMS and IDC, 2009: 618-621.

[9] PALMIERI F, FIORE U. Providing true end-to-end security in converged voice over IP infrastructures[J]. Computers & Security, 2009, 28(6):433-449.

[10] 闻英友，罗铭，赵宏．VoIP 网络基于签密的安全机制的研究与实现[J]．通信学报，2010, 31(4):8-15.

[11] WANG F, ZHANG Y. A new provably secure authentication and key agreement mechanism for SIP using certificateless public-key cryptography[J]. Computer Communications, 2008, 31(25):2142-2149.

[12] LIAO Y, WANG S. A new secure password authenticated key agreement scheme for SIP using self-certified public keys on elliptic curves[J]. Computer Communications, 2010, 33(3):372-380.

[13] WU L, ZHANG Y, WANG F. A new provably secure authentication and key agreement protocol for SIP using ECC[J]. Computer Standards & Interfaces, 2009, 31(2):286-291.

[14] CANETTI R, KRAWCZYK H. Analysis of key-exchange protocols and their use for building secure channels[J]. Proceedings of EUROCRYPT 2001, 2001, 2045:453-474.

[15] YOON E J, YOO K Y, KIM C, et al. A secure and efficient SIP authentication scheme for converged VoIP networks[J]. Computer Communications, 2010, 33(14):1674-1681.

[16] PU Q. Weaknesses of SIP authentication scheme for converged VoIP networks[R]. http://eprint.iacr. org/2010/464.

[17] GOKHROO M, JAIDHAR C, TOMAR A. Cryptanalysis of SIP secure and efficient authentication scheme[C]// Proceedings of ICCSN 2011, 2011:308-310.

[18] TSAI J. Efficient Nonce-based authentication scheme for session initiation protocol[J], International Journal of Network Security, 2009, 9(1):12-16.

[19] YOON E J, SHIN Y N, JEON I S, et al. Robust mutual authentication with a key Agreement scheme for the session initiation protocol[J]. IETE Technical Review, 2010, 27(3):203-213.

[20] XIE Q. A new authenticated key agreement for session initiation protocol[J]. International Journal of Communication Systems, 2012, 25(1):47-54.

[21] ARSHAD R, IKRAM N. Elliptic curve cryptography based mutual authentication scheme for;session initiation protocol[J]. Multimedia Tools and Applications, 2013, 66(2):165-178.

[22] HE D, CHEN J, CHEN Y. A secure mutual authentication scheme for session initiation protocol using elliptic curve cryptography[J]. Security and Communication Networks, 2012, 5(12):1423-1429.

[23] YOON E, YOO K. A Three-Factor authenticated key agreement scheme for SIP on elliptic curves[C]. Fourth International Conference on Network & System Security, 2010:334-339.

[24] ZHANG L, TANG S, CAI Z. Efficient and flexible password authenticated key agreement for voice over Internet protocol session initiation protocol using smart card[J]. International Journal of Communication Systems, 2015, 27(11):2691-2702.

[25] ZHANG L, TANG S, ZHU S. Privacy-preserving authenticated key agreement scheme based on biometrics for session initiation protocol[J]. Wireless Networks, 2017, 23(6):1901-1916.

[26] DUH D, LIN T, TUNG C, et al. An Implementation of AES algorithm with the multiple spaces random key pre-distribution scheme on MOTE-KIT 5040[C]. IEEE International Conference on Sensor Networks, Ubiquitous, and Trustworthy Computing, 2006:64-71.

[27] YEH H, CHEN T, SHIH W. Robust smart card secured authentication scheme on SIP using elliptic curve cryptography[J]. Computer Standards & Interfaces, 2014, 36(2):397-402.

[28] TU H, KUMAR N, CHILAMKURTI N, et al. An improved authentication protocol for session initiation protocol using smart card[J]. Peer-to-Peer Networking and Applications, 2015, 8(5):903-910.

[29] GONG L, NEEDHAM R, YAHALOM R. Reasoning about belief in cryptographic protocols[J]. Proceedings. 1990 IEEE Computer Society Symposium on Research in Security and Privacy, 1990:234-248.

[30] BURROWS M, ABAD M, NEEDHAM R. A logic of authentication[J]. ACM Transactions on Computer Systems, 1990, 8(1):18-36.

[31] MISHRA D, DAS A, MUKHOPADHYAY S, et al. A secure and robust smartcard-based authentication scheme for session initiation protocol using elliptic curve cryptography[J]. Wireless Personal Communications, 2016, 91(3):1361-1391.

[32] LU Y, LI L, PENG H, et al. An anonymous two-factor authenticated key agreement scheme for session initiation protocol using elliptic curve cryptography[J]. Multimedia Tools and

Applications, 2017, 76(2):1801-1815.

[33] WANG C, LIU Y. A dependable privacy protection for end-to-end VoIP via Elliptic-Curve Diffie-Hellman and dynamic key changes[J]. Journal of network and computer applications, 2011, 34(5):1545-1556.

[34] 吴信东, 叶明全, 胡东辉, 等. 普适医疗信息管理与服务的关键技术与挑战[J]. 计算机学报, 2012, 35(5):827-845.

[35] 骆华伟. 远程医疗服务模式及应用[M]. 北京: 科学出版社, 2012.

[36] 谢勇, 林小强, 陈旭辉,等. 面向智慧医疗的家庭健康跟踪系统[J]. 计算机系统应用, 2016, 25(6):44-47.

[37] 张金玲, 高志新, 等. iOS 平台无线健康监护系统[J]. 北京邮电大学学报, 2016, 39(6):17-21.

[38] 高爱强, 刁麓. 医疗数据发布中属性顺序敏感的隐私保护方法[J]. 软件学报, 2009, 20: 314-320.

[39] 宫继兵, 王睿, 崔莉. 体域网 BSN 的研究进展及面临的挑战[J]. 计算机研究与发展, 2010, 47(5):737-753.

[40] AL-JANABI S, AL-SHOURBAJI I, SHOJAFAR M, et al. Survey of main challenges (security and privacy) in wireless body area networks for healthcare applications[J]. Egyptian Informatics Journal, 2017, 18(2):113-122.

[41] LUO E, BHUIYAN M, WANG G, et al. Privacyprotector: Privacy-Protected patient data collection in IoT-based healthcare systems[J]. IEEE Communications Magazine, 2018, 56(2):163-168.

[42] WU Z, LEE Y, LAI F, et al. A secure authentication scheme for telecare medicine information systems.[J]. Journal of Medical Systems, 2012, 36(3):1529-1535.

[43] HE D, CHEN J, ZHANG R. A More secure authentication scheme for telecare medicine information systems[J]. Journal of Medical Systems, 2012, 36(3):1989-1995.

[44] CHALLA S, DAS A, ODELU V, et al. An efficient ECC-based provably secure three-factor user authentication and key agreement protocol for wireless healthcare sensor networks [J]. Computers and Electrical Engineering, 2018, 69:534-554.

[45] LI C, LEE C, WENG C, et al. A secure dynamic identity and chaotic maps based user authentication and key agreement scheme for e-healthcare systems[J]. Journal of Medical Systems, 2016, 40:1-10.

[46] ALI R, PAL A. Cryptanalysis and biometric-based enhancement of a remote user authentication scheme for e-healthcare system[J]. Arabian Journal for Science & Engineering, 2018, 43(12): 7837-7852.

[47] DHILLON P, KALRA S. Multi-factor user authentication scheme for IoT-based healthcare services[J]. Journal of Reliable Intelligent Environments, 2018, 4(3):141-160.

[48] MIAO F, BAO S, LI Y. Biometric key distribution solution with energy distribution information of physiological signals for body sensor network security[J]. IET Information Security, 2013, 7(2):87-96.

[49] KOPTYRA K, OGIELA M. Multiply information coding and hiding using fuzzy vault[J]. Soft Computing, 2018(1):1-10.

[50] ADAMOVIC S, MILOSAVLJEVIC M, VEINOVIC M, et al. Fuzzy commitment scheme for generation of cryptographic keys based on iris biometrics[J]. Iet Biometrics, 2017, 6(2):89-96.

[51] DAS A. A secure and effective biometric - based user authentication scheme for wireless sensor networks using smart card and fuzzy extractor[J]. International Journal of Communication Systems, 2017, 30:1-25.

[52] LI C, HWANG M. An efficient biometrics-based remote user authentication scheme using smart cards[J]. Journal of Network & Computer Applications, 2010, 33(1):1-5.

[53] LI X, NIU J, MA J, et al. Cryptanalysis and improvement of a biometrics-based remote user authentication scheme using smart cards[J]. Journal of Network & Computer Applications, 2011, 34(1):73-79.

[54] DAS A. Analysis and improvement on an efficient biometric-based remote user authentication scheme using smart cards[J]. IET Information Security, 2011, 5(3):145-151.

[55] IBJAOUN S, KALAM A, POIRRIEZ V, et al. Analysis and enhancements of an efficient biometric-based remote user authentication scheme using smart cards[C]. 2016 IEEE/ACS 13th International Conference of Computer Systems and Applications (AICCSA), Agadir, 2016:1-8.

[56] KHAN M, KUMARI S. An improved biometrics-based remote user authentication scheme with user anonymity[J]. BioMed Research International, 2013, 2013(5).

[57] MIR O, NIKOOGHADAM M. A secure biometrics based authentication with key agreement scheme in telemedicine networks for e-health services[J]. Wireless Personal Communications, 2015, 83(4):2439-2461.

[58] SRINIVAS J, MUKHOPADHYAY S, MISHRA D. Secure and efficient user authentication scheme for multi-gateway wireless sensor networks[J]. Ad Hoc Networks, 2017, 54:147-169.

[59] WANG D, WANG P. Understanding security failures of two-factor authentication schemes for real-time applications in hierarchical wireless sensor networks[J]. Ad Hoc Networks, 2014, 20:1-15.

[60] BELLARE M, POINTCHEVAL D, ROGAWAY P. Authenticated key exchange secure against dictionary attacks[J]. Proc of Eurocrypt, 2000:139-155.

[61] ABDALLA M, FOUQUE P, POINTCHEVAL D. Password-based authenticated key exchange in the three-party setting[C]. International Conference on Theory & Practice in Public Key Cryptography. 2005:65-84.

[62] YEH H, CHEN T, HU K, et al. Robust elliptic curve cryptography-based three factor user authentication providing privacy of biometric data[J]. Iet Information Security, 2013, 7(3):247-252.

[63] WU F, XU L, KUMARI S, et al. A novel and provably secure biometrics-based three-factor remote authentication scheme for mobile client-server networks[J]. Computers & Electrical Engineering, 2015, 45:274-285.

[64] AMIN R, ISLAM S, BISWAS G, et al. Cryptanalysis and enhancement of anonymity preserving remote user mutual authentication and session key agreement scheme for e-health care systems[J]. Journal of Medical Systems, 2015, 39(11):1-21.

[65] LI X, WEN Q, LI W. A three-factor based remote user authentication scheme: Strengthening

systematic security and personal privacy for wireless communications[J]. Wireless Personal Communications, 2016, 86(3):1593-1610.

[66] LUMINI A, NANNI L. An improved BioHashing for human authentication[J]. Pattern Recognition, 2007, 40(3):1057-1065.

[67] BERGAMO P, ARCO P, SANTIS A, et al. Security of public-key cryptosystems based on chebyshev polynomials[J]. IEEE Transactions on Circuits & Systems I Regular Papers, 2005, 52(7):1382-1393.

[68] ZHANG L. Cryptanalysis of the public key encryption based on multiple chaotic systems[J]. Chaos Solitons & Fractals, 2008, 37(3):669-674.

[69] https://blog.csdn.net/watkinsong/article/details/50014359.

[70] SHOUP V. Sequences of games: A tool for taming complexity in security proofs[R]. IACR Cryptology ePrint archive, 2004 (online), Available: https://eprint.iacr.org/2004/332.

[71] XIONG H, TAO J, CHEN Y. A robust and anonymous two factor authentication and key agreement protocol for telecare medicine information systems[J]. Journal of Medical Systems, 2016, 40.

[72] XIONG L, NIU J, KUMARI S, et al. Design and analysis of a chaotic maps-based three-party authenticated key agreement protocol[J]. Nonlinear Dynamics, 2015, 80(3):1209-1220.

[73] LEE C, LI C, CHIU S, et al. A new three-party-authenticated key agreement scheme based on chaotic maps without password table[J]. Nonlinear Dynamics, 2015, 79(4):2485-2495.

[74] SARU K, LI X, Wu F, et al. A user friendly mutual authentication and key agreement scheme for wireless sensor networks using chaotic maps[J]. Future Generation Computer Systems, 2016, 63:56-75.

[75] XIAO D, LIAO X, DENG S. One-way Hash function construction based on the chaotic map with changeable-parameter[J]. Chaos Solitons & Fractals, 2005, 24(1):65-71.

[76] LEE T. Provably secure anonymous single-sign-on authentication mechanisms using extended chebyshev chaotic maps for distributed computer networks[J]. IEEE Systems Journal, 2018, 12(2):1499-1505.

[77] CHENG Z, LIU Y, CHANG C, et al. Authenticated RFID security mechanism based on chaotic maps[J]. Security & Communication Networks, 2013, 6(2):247-256.

[78] HE D, ZHANG Y, CHEN J. Cryptanalysis and improvement of an anonymous authentication protocol for wireless access networks.[J]. Wireless Personal Communications, 2014, 74(2):229-243.

[79] LU R, LIANG X, LI X, et al. EPPA: An efficient and privacy-preserving aggregation scheme for secure smart grid communications[J]. IEEE Transactions on Parallel & Distributed Systems, 2012, 23(9):1621-1631.

[80] METKE A, EKL R. Security technology for smart grid networks[J]. IEEE Transactions on Smart Grid, 2010, 1(1):99-107.

[81] LI D, AUNG Z, WILLIAMS J, et al. P3: Privacy preservation protocol for automatic appliance control application in smart grid[J]. IEEE Internet of Things Journal, 2014, 1(5):414-429.

[82] YAN Y, QIAN Y, SHARIF H, et al. A survey on smart grid communication infrastructures:

motivations, requirements and challenges[J]. IEEE Communications Surveys & Tutorials, 2013, 15(1):5-20.

[83] WU L, WANG J, CHOO K, et al. Secure key agreement and key protection for mobile device user authentication[J]. IEEE Transactions on Information Forensics and Security, 2019, 14(2):319-330.

[84] CHIM T, YIU S M, HUI L C K, et al. PASS: Privacy-preserving authentication scheme for smart grid network[C]. IEEE International Conference on Smart Grid Communications. 2011.

[85] FOUDA M, FADLULLAH Z, KATO N, et al. A lightweight message authentication scheme for smart grid communications[J]. IEEE Transactions on Smart Grid, 2011, 2(4):675-685.

[86] WU D, CHI Z. Fault-tolerant and scalable key management for smart grid[J]. IEEE Transactions on Smart Grid, 2011, 2(2):375-381.

[87] XIA J, WANG Y. Secure key distribution for the Smart grid[J]. IEEE Transactions on Smart Grid, 2012, 3(3):1437-1443.

[88] PARK J, KIM M, KWON D. Security weakness in the smart grid key distribution scheme proposed by Xia and Wang[J]. IEEE Transactions on Smart Grid, 2013, 4(3):1613-1614.

[89] NICANFAR H, JOKAR P, LEUNG V. Smart grid authentication and key management for unicast and multicast communications[C]. Innovative Smart Grid Technologies Asia. 2011:1-8.

[90] MOHAMMADALI A, HAGHIGHI M, TADAYON M, et al. A novel identity-based key establishment method for advanced metering infrastructure in smart grid[J]. IEEE Transactions on Smart Grid, 2018, 9(4):2834-2842.

[91] NICANFAR H, LEUNG V. Multilayer consensus ECC-based password authenticated key-exchange (MCEPAK) Protocol for smart Grid system[J]. IEEE Transactions on Smart Grid, 2013, 4(1):253-264.

[92] LIU N, CHEN J, ZHU L, et al. A key management scheme for secure communications of advanced metering infrastructure in smart grid[J]. IEEE Transactions on Industrial Electronics, 2013, 60(10):4746-4756.

[93] WAN Z, WANG G, YANG Y, et al. SKM: Scalable key management for advanced metering infrastructure in smart grids[J]. IEEE Transactions on Industrial Electronics, 2014, 61(12):7055-7066.

[94] MAHMOOD K, CHAUDHRY S, NAQVI H, et al. An elliptic curve cryptography based lightweight authentication scheme for smart grid communication[J]. Future Generation Computer Systems, 2018, 81:557-565.

[95] TSAI J, LO N. Secure Anonymous key distribution scheme for smart grid[J]. IEEE Transactions on Smart Grid, 2016, 7(2):906-914.

[96] ODELU V, DAS A K, WAZID M, et al. Provably secure authenticated key agreement scheme for smart grid[J]. IEEE Transactions on Smart Grid, 2018, 9(3):1900-1910.

[97] CHEN Y, MARTíNEZ J, Castillejo P, et al. An anonymous authentication and key establish scheme for smart grid: FAuth[J]. Energies, 2017, 10(9): 1-23.

[98] HE D, WANG H, KHAN M, et al. Lightweight anonymous key distribution scheme for smart grid using elliptic curve cryptography[J]. Iet Communications, 2016, 10(14):1795-1802.

[99] KUMAR P, GURTOV A, SAIN M, et al. Lightweight authentication and key agreement for smart metering in Smart energy networks[J]. IEEE Transactions on Smart Grid, 2018, 10(4):4349-4359.

[100] ABBASINEZHAD-MOOD D, NIKOOGHADAM M. An anonymous ECC-based self-certified key distribution scheme for the smart grid[J]. IEEE Transactions on Industrial Electronics, 2018, 65(10):7996-8004.

[101] ESFAHANI A, MANTAS G, MATISCHEK R, et al. A Lightweight Authentication Mechanism for M2M Communications in Industrial IoT Environment[J]. IEEE Internet of Things Journal, 2019, 6(1):288-296.

[102] ABDALLA M, POINTCHEVAL D. Interactive Diffie-Hellman assumptions with applications to password-based authentication[J]. Proceedings of International Conference on Financial Cryptography and Data Security, 2005, 20(5):341-356.